Caos, orden y las cinco
fuerzas elementales

Elementos

BLUME

Stephen Ellcock

Contenido

Aire [118]

El qi. Nubes y arcoíris. Truenos, tifones, huracanes, tempestades y vendavales. Mapas anemográficos. Viajes aéreos: aeroplanos, alas delta, globos aerostáticos y dirigibles. Leonardo da Vinci. Dioses del trueno y el viento. Túneles de viento. Ondas ultrasónicas. El sueño humano de volar. Contaminación y niebla. Los cuatro vientos. Globos y cometas. Ícaro y Dédalo.

Fuego [162]

Volcanes. Ceremonias y rituales para prevenir el fuego. Piras funerarias y cremación. El robo del fuego. El culto al fuego. Ofrendas al fuego. Metalurgia y forja. El fuego purificador. El chakra del plexo solar. Los bomberos de Hikeshi. El Sol y Marte. Prometeo. Tragafuegos. Fotografía. Fuegos artificiales y Diwali. Plantas pirófitas. Incendios forestales.

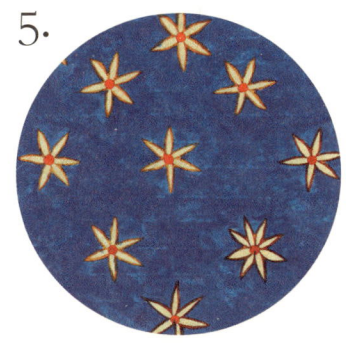

Éter [202]

El elemento etéreo. Átomos. Akasha. El vacío. El puente entre el mundo físico y el espiritual. El chakra de la garganta. El telescopio Hubble. Fuerzas invisibles y gravedad. Espacio, universo, planetas y estrellas. Espiritismo. Fotografía espiritista. Ángeles. Seres más allá del reino humano. Ectoplasmas. Formas del pensamiento. Fotografía Kirlian.

Prefacio
Las propiedades
de las cosas

Expuestos a un mundo hostil e implacable, enfrentados al caos y la complejidad de la materia física, nuestros ancestros más lejanos buscaron respuestas a cuestiones fundamentales: ¿de dónde venimos?, ¿cómo se formó el cosmos y qué lo compone?, ¿por qué todo cambia constantemente y nada perdura?

La antigua Grecia ofreció muchas de las respuestas más ingeniosas y elegantes a estas preguntas mediante la teoría de los cinco elementos: aire, fuego, tierra, agua y éter (o quintaesencia). Con el fin de explicar la complejidad de la naturaleza, esta hipótesis desglosaba la materia en componentes esenciales. En el nivel microcósmico, los elementos representaban diferentes estados psicológicos, emocionales y fisiológicos; en el macrocósmico, pretendían revelar el funcionamiento del universo y los misterios de la existencia. Los cinco elementos clásicos perviven como símbolos universales, arquetipos omnipresentes implantados en lo más recóndito del inconsciente e imaginario colectivos.

Por encima de todo, los cinco elementos simbolizan la interrelación entre todas las cosas. Son las fuerzas violentas e impredecibles que sostienen el mundo, que vinculan lo material y lo inmaterial, lo conocido y lo desconocido. Están en constante movimiento, en un estado de flujo perpetuo, enlazadas en un ciclo eterno de destrucción y creación. La salud de nuestro planeta depende del equilibrio precario de estas fuerzas. Si el ser humano, con su codicia y orgullo, sigue saboteando y destruyendo tan delicada armonía, el único futuro posible será la aniquilación.

Hace poco más de veinte años, yo mismo me extravié en un mundo hostil e implacable; no hallaba respuestas perspicaces que explicaran lo que me ocurría y perdí el equilibrio. Literal y metafóricamente. Decidido a arrasar con el pasado y el futuro, zozobré en el caos y las urgencias de los hospitales se convirtieron en mi segundo hogar. Con el tiempo, las laceraciones, cicatrices y magulladuras se curaron y los actos indignos y vergonzosos cayeron en el olvido; pero tardé una o dos penosas décadas en recuperar el equilibrio y volver a encontrar mi sitio. Fui una causa perdida y el indulto llegó cuando me quedaba sin tiempo. Me redimí. Soy la prueba viva de que las fuerzas naturales se mueven de formas misteriosas e inesperadas.

Vivimos a la deriva en un planeta herido. Este mundo gravemente perturbado, encadenado a un ciclo infinito de perdición, parece atraído por el deseo de morir. Es la suprema causa perdida. Todos los días presenciamos cómo se multiplican las catástrofes: el apocalipsis a cámara lenta. Y contemplamos el hundimiento con mudo horror o ciega indiferencia. La mayoría nos sentimos perdidos, desengañados, alienados, ajenos a los ritmos de este orbe que agoniza, brutalmente desconectados de todos los seres vivos.

Estamos sometidos a las mismas fuerzas elementales que controlan la creación y debemos aprender a vivir en armonía con ellas; solo así podremos reconstruir nuestra relación con el mundo natural, recuperar el equilibrio y evitar el desastre que se avecina. Nuestro bienestar futuro y probablemente nuestra supervivencia dependen del siguiente movimiento que hagamos. Recordemos cuál es nuestro lugar en el universo e intentemos no fracasar.

*

*
El caos, en un grabado de Cornelis Bloemaert a partir de
una ilustración de Abraham van Diepenbeeck, en *Tableaux
du Temple des Muses*, de Michel de Marolles (1655).

Introducción

«Los elementos, por tanto, son primigenios, todo lo componen y todo está acorde con ellos, y están en todas las cosas y por mediación de ellas esparcen sus virtudes».

✳

Naipes con la representación de los elementos fuego, agua, tierra y aire, procedentes de una baraja de *minchiate* (similar al tarot) procedente de Florencia, en Italia (siglo XVII).

❋

Enrique Cornelio Agripa, en *Filosofía oculta*, Libro primero: Magia natural (1531), a partir de la traducción al inglés de James Freake.

✴

Estela de Tatiaset, procedente de Deir el Bahari,
en Tebas (Egipto); estuco y pintura sobre madera
(825-712 a. C.).

En «Himno en honor del amor»
(1596), el poeta inglés Edmund
Spenser describe una creación
en la que los elementos conspiran
unos contra otros y provocan
confusión y decadencia. El aire odia a la
tierra y el agua odia al fuego, hasta que el
amor establece un orden natural y les ordena
mezclarse «amablemente» como seres vivos.

Existe una idea tan antigua como la
humanidad: que la tierra, el agua, el aire
y el fuego fueron las primeras sustancias
en emerger durante los primeros días de la
creación y alguna fuerza divina las dispuso
en un orden estructurado. En todo el mundo,
las mitologías que narran la génesis de la vida
establecen que el cosmos surgió de un caos
primordial, a menudo encarnado por el agua.
El proceso de imponer orden y forma al caos
habitualmente implica la separación de la tierra,
el aire, el agua y el cielo.

El mito dominante en las culturas nativas
del suroeste de Estados Unidos es el del
buceador terrestre: una criatura —en algunas
tradiciones es un insecto acuático; en otras, una
tortuga— se sumerge en las aguas primordiales
y regresa a la superficie con materia del fondo
oceánico, a partir de la cual se forma o crece
la tierra. En la mitología polinesia, el héroe
pescador Māui saca del mar la Isla Norte de
Nueva Zelanda; en algunas variantes, su *waka*
(«canoa») se convierte en la Isla Sur, conocida
como Te Waka a Māui. En el antiguo Egipto,
tal como narran los *Textos de las Pirámides*
(h. 2350 a. C.), la creación se inicia con las aguas
primordiales, a veces personificadas en Nun,
el padre de los dioses. El dios Atum emerge
del agua como un montículo piramidal y de
él nacen Shu y Tefnut, el aire y la humedad;

estos, a su vez, engendran al dios Geb (la tierra)
y a la diosa Nut (el cielo). Entonces, Shu separa
a esta última pareja para crear un espacio vacío
entre ambos.

En la Grecia clásica, uno de los primeros
relatos de la creación es la *Teogonía*, escrita
por Hesíodo hacia el siglo VIII a. C. Según
la genealogía trazada por el poeta, primero
nació el Caos, seguido por la Tierra, el Cielo
y, finalmente, el Mar interior y el Océano
exterior. Otra narración temprana habla de
tres dioses primordiales del aire: Éter, dios
de la atmósfera superior; Caos, dios del aire
en la superficie; y Érebo, dios del aire en el
inframundo. Éter engendró a Gaia (o Gea),
la madre tierra; a Talasa, la diosa del océano
primordial; y a Urano, dios del cielo.

La creencia griega en cinco elementos
básicos —tierra, agua, aire, fuego y éter—
se remonta a los filósofos presocráticos
del siglo VI a. C., que intentaron explicar

la naturaleza de la materia y el funcionamiento del universo. De acuerdo con Aristóteles (384-322 a. C.), Tales de Mileto, originario de la actual Turquía, fue el primero en proponer que todas las cosas se componían de materia y que el agua era su ingrediente primordial. Tales creía que el mundo flotaba sobre el agua como un madero. Su discípulo Anaxímenes de Mileto propuso que el *pneuma* —aire, aliento o espíritu— era el principal componente de la materia, mientras que, para Heráclito de Éfeso, el fuego era el elemento primordial y el cosmos no era creación de dioses ni hombres, sino un fuego que moría y renacía eternamente. En el siglo v a. C., en su tratado *Sobre la naturaleza,* Empédocles de Agrigento (h. 490-h. 430 a. C.) apuntó que la materia se componía de cuatro elementos básicos o «raíces»: tierra, agua, aire y fuego. Eran eternos y se mezclaban en proporciones distintas para engendrar las cambiantes sustancias del mundo, bien unidos por las fuerzas del Amor (atracción), bien separados por las del Conflicto (repulsión).

En *Timeo,* Platón (h. 427-347 a. C.) se refirió a estos cuatro elementos como cuerpos primarios y argumentó que estaban integrados por partículas sólidas de formas geométricas. Cada cuerpo se asociaba con un poliedro: la tierra con el cubo, el aire con el octaedro, el agua con el icosaedro y el fuego con el tetraedro. Además, según Platón, el demiurgo recurría a un quinto sólido, el dodecaedro, para organizar las constelaciones. Los poliedros asociados al fuego, el aire y el agua se componían de triángulos de formas similares y entre ellos existían relaciones de intertransformación —un proceso en el que la tierra no participaba—. El filósofo griego creía que el ser humano vivía en una

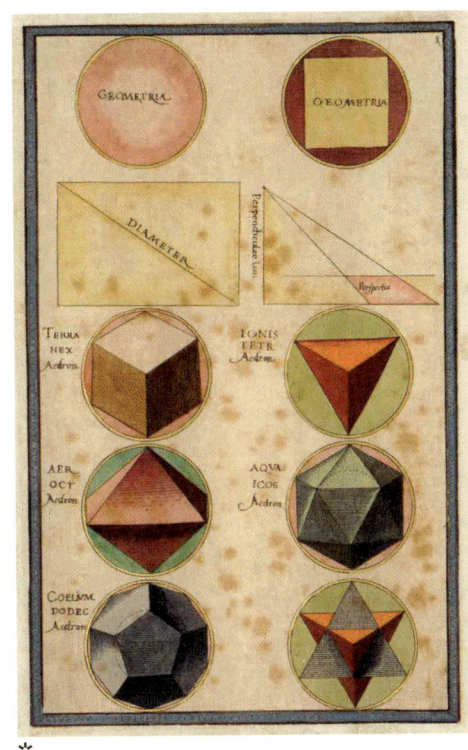

✱

sombra imperfecta del mundo, copia de otro inmutable, idealizado y regido por un patrón divino que el hombre era incapaz de percibir.

Aristóteles, pupilo de Platón, no creía que el mundo natural fuera la sombra de un mundo idealizado y prefería explicar el universo de acuerdo con los resultados de sus propias observaciones. Coincidía con Empédocles en la existencia de los cuatro elementos y añadió un quinto: el éter, componente de todo lo que había en el firmamento. En *Sobre el cielo,* Aristóteles sugirió que la Tierra era una esfera sólida e inmóvil situada en el centro del universo y que este se dividía en dos regiones,

Landscape with the Elements
(«Paisaje con los elementos»),
de John Craxton; tapiz (1975-1976).

PRINCIPAL·VICE CHANCELLOR·STIRLING UNIVERSITY 1965·1973

«Los elementos no muestran contención».

Henry Wadsworth Longfellow, *Drift-Wood*, 1857

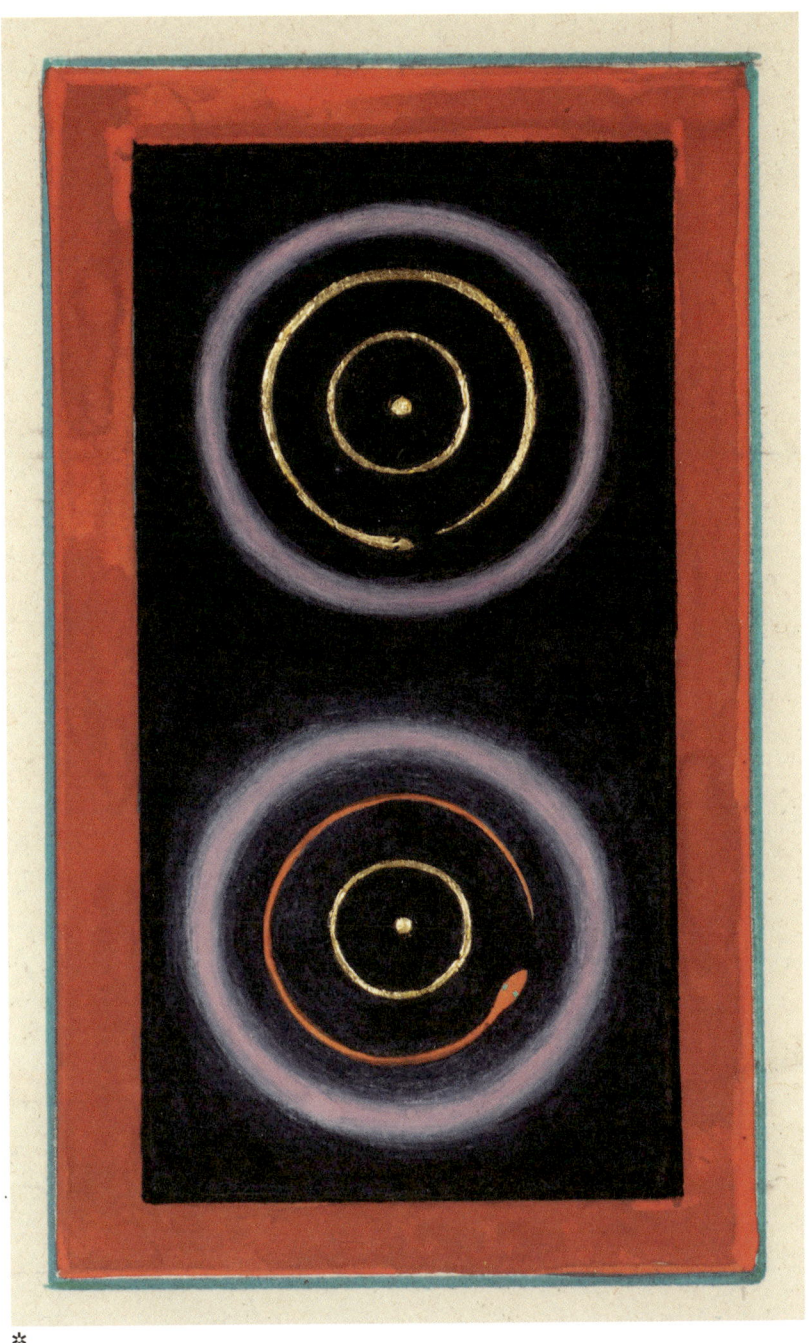

✳

✳ Ilustración de *Hermetis alchymia naturalis occultissima vera* («La verdadera, hermética y ocultísima alquimia del mundo natural»), Theobaldo Corsini, manuscrito del siglo XVIII.

✳ *Cosmic Snakes* («Serpientes cósmicas)», de Yasmin Hayat (2021).

una terrenal y otra celestial. El mundo terrestre o sublunar era todo aquello que existía bajo el nivel de la Luna: es donde se encontraban la tierra, el agua, el aire y el fuego. Ordenó estos elementos según su pureza, siendo el fuego el más puro, seguido por el aire y el agua; la tierra era el más pesado y básico. En la base de todo había siempre dos o más elementos, y asignó a cada uno de ellos características específicas, basadas en sus cualidades perceptibles: caliente, frío, húmedo y seco. La tierra era fría y seca; el agua, fría y húmeda; el aire, caliente y húmedo, y el fuego, caliente y seco. Los elementos se desplazaban de forma natural siguiendo líneas rectas, en dirección al centro de la Tierra o alejándose de él. Así, la tierra y el agua, elementos pesados, se movían hacia abajo, mientras que el aire y el fuego, al ser ligeros, transitaban hacia arriba. Los elementos no eran eternos, sino que se regeneraban constantemente unos a partir de otros.

El quinto elemento, el éter, colmaba el reino celeste, que albergaba los planetas y estrellas

y quedaba delimitado dentro de una esfera fija de estrellas. El éter era puro e incorruptible y su movimiento natural era circular. Dicho tránsito de las esferas celestiales, combinado con el desplazamiento lineal de los elementos sublunares, modificaba las propiedades de todos los elementos. Debido a estos cambios, un elemento determinado se transformaba en otro. Si el sol calentaba el agua presente en el aire mediante el proceso de evaporación, se acercaba al sol y se distanciaba de la tierra; en un momento dado, al condensarse, el aire volvía a convertirse en agua y caía sobre la tierra en forma de lluvia.

La cuádruple naturaleza de los elementos terrestres descritos por Aristóteles llegó a diversas áreas del conocimiento de la mano de otros filósofos clásicos. Es el caso de la medicina. Hipócrates (h. 460-h. 377 a. C.) propuso que el cuerpo humano también contenía cuatro fluidos esenciales o humores, y que estos definían la salud y personalidad de cada uno: la sangre, caliente, húmeda y asociada con el aire y la primavera; la bilis amarilla, caliente, seca y vinculada con el fuego y el verano; la bilis negra, fría, seca y relacionada con la tierra y el otoño, y la flema, fría, húmeda y vinculada con el agua y el invierno. La buena salud dependía del equilibrio de los humores corporales. Los griegos consideraban que existían cuatro temperamentos o tipos de personalidad, en los que siempre predominaba uno de los siguientes humores: sanguíneo (sangre), colérico (bilis amarilla), melancólico (bilis negra) y flemático (flema). El médico grecorromano Galeno (h. 130-h. 216) estudió a fondo la teoría de los cuatro humores y sus tratados siguieron fundamentando la ciencia médica hasta el

Diagrama de las cuatro cualidades, elementos, humores y temperamentos (siglo XX).

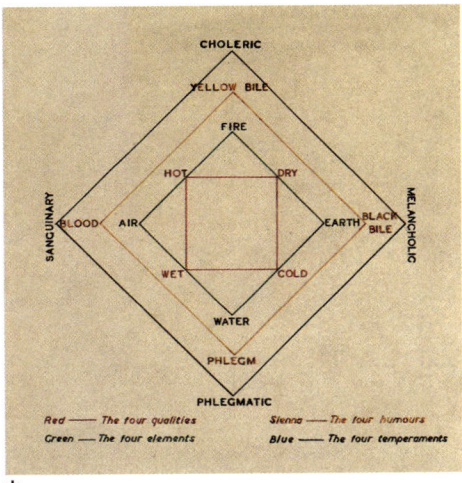

✳

Renacimiento. También desarrolló la idea de la correspondencia entre los humores y las estaciones, que combinó con las edades del hombre: la primavera correspondía a la infancia, el verano a la juventud, el otoño a la madurez y el invierno a la vejez. Añadió también los dioses planetarios: el aire se asociaba con Zeus (Júpiter), el agua con Poseidón (Neptuno), la tierra con Hades (Plutón) y el fuego con Hefesto (Vulcano). En este sistema de asociaciones, la humanidad era un microcosmos (o mundo pequeño) que reflejaba el macrocosmos (o mundo grande).

Los elementos también aparecían en una colección de escritos atribuidos a Hermes Trismegisto, figura legendaria del período helenístico de Egipto: el *Corpus Hermeticum*, que alcanzó gran popularidad en el Renacimiento. El texto «Kore Kosmou» («La virgen del mundo») describe los cuatro elementos y señala que algunas criaturas son amigas de estos últimos —de uno, dos, tres o quizás de los cuatro—, mientras que otras son enemigas de uno o varios de ellos. Así, las langostas y las moscas huyen del fuego, y los pájaros, del agua; las serpientes adoran la tierra, y los seres que vuelan, el aire. Todas las almas, mientras permanecen en el cuerpo, están constreñidas por los cuatro elementos.

En el primero de sus tres libros de *Filosofía oculta* (1533), el médico y ocultista del Renacimiento Enrique Cornelio Agripa (1486-1535) apuntó que los elementos y sus distintas combinaciones eran parte esencial de la magia natural. Afirmó que los compuestos de estos elementos formaban géneros perfectos, cada uno de ellos con una cualidad elemental dominante: las piedras proceden de la tierra, los metales son «acuosos», las plantas presentan «una afinidad con el aire» y todos los animales «extraen su fuerza del fuego». Al igual que Trismegisto, relacionó los elementos con animales e incluso sugirió su asociación con los ángeles: los ardientes serafines, los terrenales querubines, los acuáticos arcángeles y los aéreos principados.

Gran parte del saber de la Grecia clásica y la Antigüedad llegó a la Europa renacentista gracias a los estudiosos y filósofos musulmanes. Uno de ellos fue Abu Naser al Farabi (fallecido h. 950). Como Platón, Al Farabi pensaba que la creación tenía la forma de una cadena del ser, que emanaba del logos o razón divina y discurría a lo largo de una serie de diez inteligencias. Esta idea ya aparecía en el diálogo *Timeo*: en el mundo humano, la cadena platónica tiene en uno de sus extremos a los seres más básicos y, en el otro, la posibilidad de que el hombre se reúna con la razón divina.

Durante el Renacimiento europeo, la posible conexión entre las formas más simples

LA PRÁCTICA DE LA ACUPUNTURA, que se origina en China hace
3000 años, emana de la teoría de que las fuerzas opuestas del yin y el
yang deben mantenerse en perfecta armonía. Si el cuerpo sufre algún
desequilibrio, aparece la enfermedad (o disonancia física) y se obstruye la
circulación de la fuerza vital (el *qi*) por los canales energéticos del cuerpo.
Para restaurar la salud, la acupuntura desbloquea el flujo de energía
mediante la inserción de finas agujas en la piel, concretamente en
determinados puntos «de apertura» situados a lo largo de los canales.
Durante la dinastía Ming (1368-1644), este sistema de diagnóstico
y tratamiento se recopiló en el *Tratado clásico de acupuntura y moxibustión*,
que sentó las bases de la acupuntura moderna.

Gárgolas con los cuatro temperamentos (en
el sentido de las agujas del reloj: sanguíneo,
flemático, colérico y melancólico) de
la iglesia de Santa María, en Schladen
(Alemania); fotografía de Rabanus Flavus.

Modelo de acupuntura originario de Japón;
madera (1681).

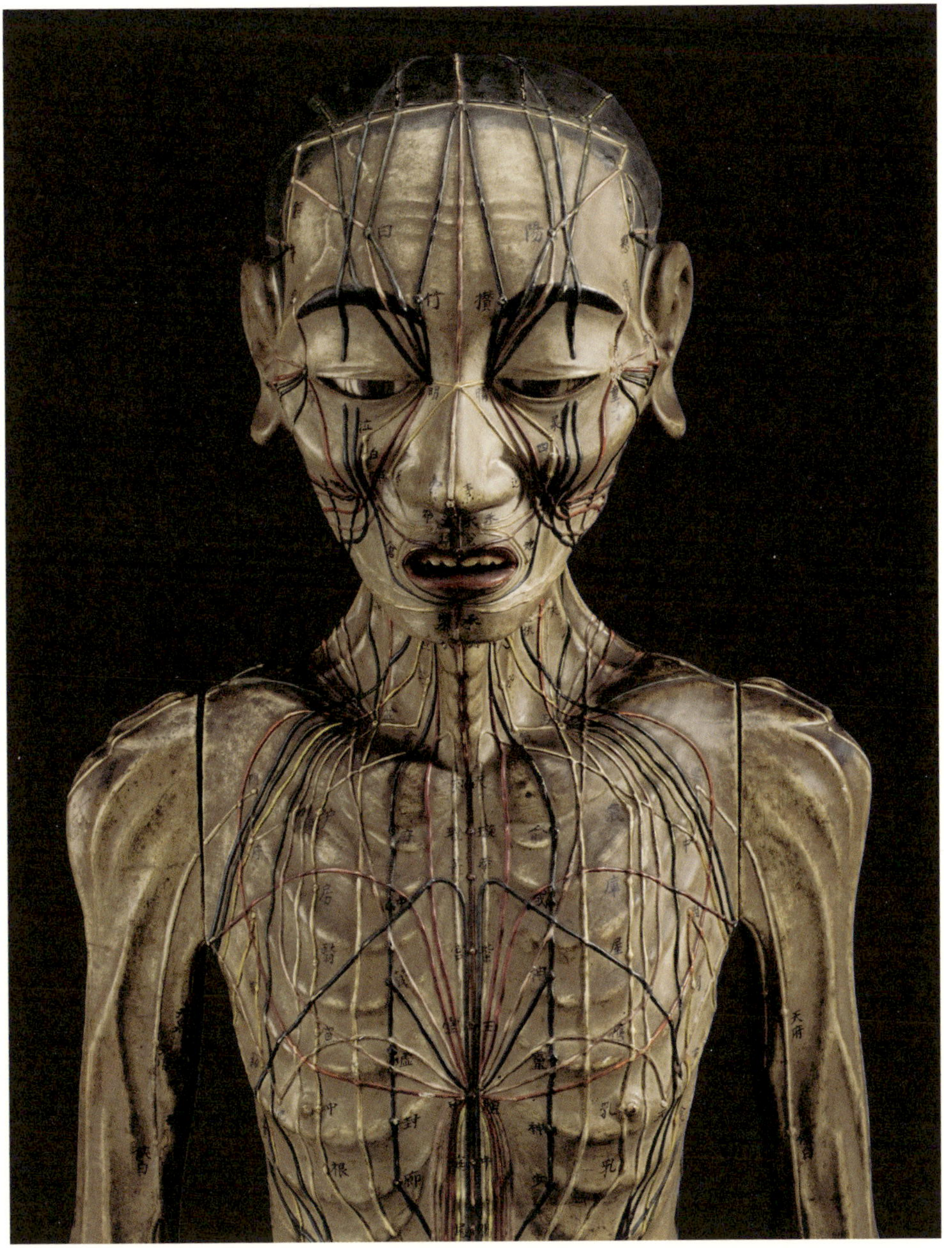

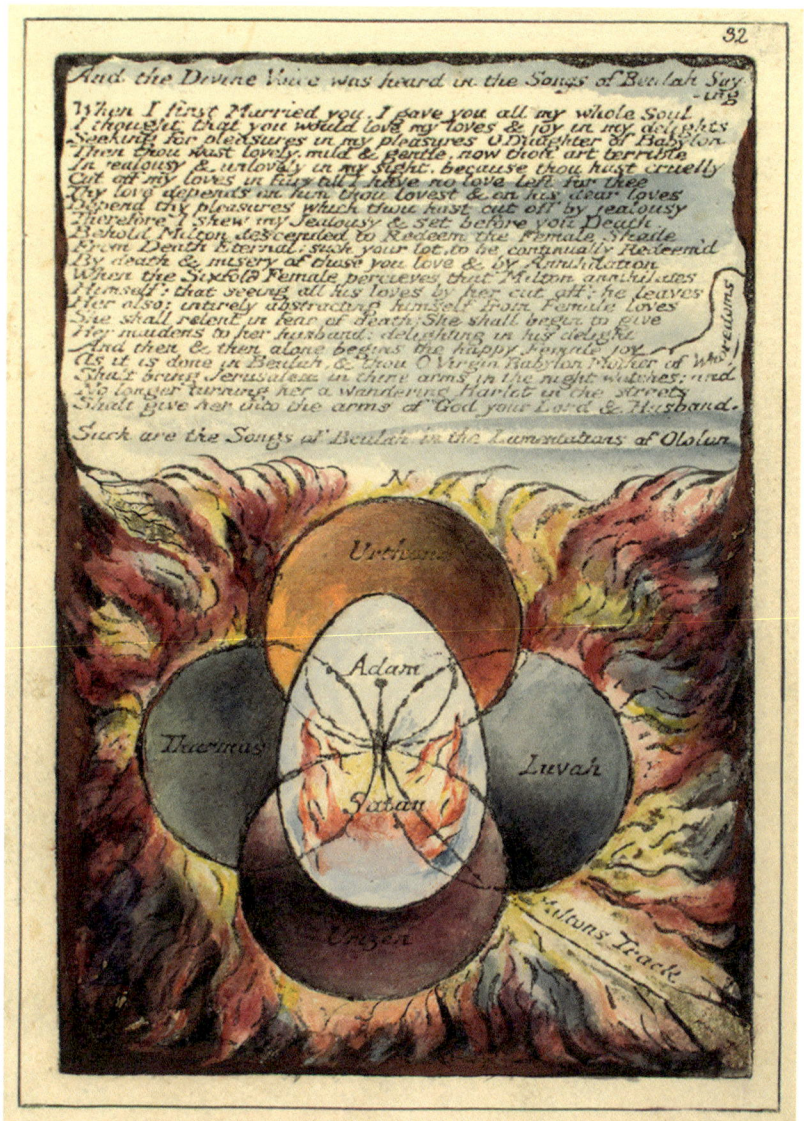

*

«Y los cuatro Zoas, que son los cuatro sentidos eternos del hombre, se convirtieron en cuatro elementos que se separaron de las extremidades de Albión».

William Blake, *Jerusalén, la emanación del gigante Albión* (1815)

*

Ilustración de la gran cadena del ser, en *Retórica cristiana*, de Diego Valdés (1579).

de vida y el ser supremo se desarrolló hasta engendrar el concepto de la cadena del ser. En esta continuidad, que conectaba toda la creación, la base del orden divino eran los elementos, y su funcionamiento armonioso era necesario para la organización social y la fecundidad de la naturaleza. El universo parecía organizado según un patrón divino: cielo y tierra se dividían en niveles, enlazados unos a otros por la cadena del ser, que ponía a Dios en contacto, mediante los ángeles, con los seres humanos, los animales, las plantas y los minerales de la tierra. Al final de la cadena estaba la clase inanimada, que tenía existencia, como los líquidos y los metales. Después venía la clase vegetativa, que, además de existencia, tenía vida; después de ella, la clase sensitiva o animal, con existencia, vida y sentimiento. A continuación llegaba la humanidad, que aunaba existencia, vida, sentimiento y entendimiento. Los ángeles, seres espirituales con entendimiento, se situaban entre la humanidad y Dios. Cada clase presentaba su propia jerarquía interna: el oro era más noble que el latón, el león más que el ratón y el fuego más que la tierra. Todos los componentes de la cadena estaban compuestos por los cuatro elementos y estos últimos tenían su propia cadena, conectada a la principal.

Otro hito del pensamiento renacentista europeo, relacionado con la cadena del ser, fue la teoría de las correspondencias que enlazaban las distintas categorías de la creación. La asociación de los elementos con los humores, las estaciones y las edades del hombre se propagó gradualmente y muchas más categorías adoptaron el principio de los elementos, como los signos del zodiaco, los metales y las piedras preciosas. La más

importante de estas correspondencias conectaba el macrocosmos y el microcosmos: según esta creencia, existía una analogía entre el ser humano y el universo.

Los cuatro elementos también desempeñaron un papel muy importante en la antigua práctica de la alquimia. Platón había sugerido que todos los elementos procedían de una misma materia primordial o materia prima, y que cada elemento podía transmutarse en otro con solo modificar la proporción de sus cualidades: calor, frío, sequedad o humedad. Los alquimistas aplicaron el principio de la transmutación en sus intentos por convertir en oro y plata metales básicos como el plomo.

El árabe Jabir ibn Hayyan (h. 721-h. 815)
fue el primero en describir el sistema de
elementos utilizados en la alquimia medieval
y renacentista. Ibn Hayyan reconocía la
existencia de los cuatro elementos terrenales
de Aristóteles y sus cualidades, que él llamaba
«naturalezas», y añadió otros dos: el azufre y el
mercurio. Ambos elementos se mezclaban en
la tierra para formar los metales, y la calidad
del azufre era determinante para el resultado;
así, el oro nacía del azufre de la mejor calidad.
Además, al ser el azufre un combustible y
el mercurio un fluido, estos dos elementos
también eran esenciales para la transmutación.
Si se reorganizaba la naturaleza de un metal
determinado, era posible generar otro distinto.
Este procedimiento requería un catalizador,
un *al iksir*, o elixir, que desencadenara
la transmutación.

El médico y alquimista suizo-alemán
Paracelso (1493-1541), nacido Theophrastus
Bombast von Hohenheim, partió de los
estudios de Ibn Hayyan sobre el azufre y
el mercurio y sumó una tercera sustancia.
Paracelso también aceptaba el concepto
de los cuatro elementos terrenales descritos
por Aristóteles. En su opinión, los elementos
eran la base («las madres») de toda la materia,
pues de ellos emanaba todo: las plantas y los
árboles procedían de la tierra; los minerales,
del agua; el rocío, del aire, y el trueno y la
lluvia, del fuego. Paracelso explicó la naturaleza
de la medicina utilizando el concepto de *tria
prima*, los principios esenciales que, según
él, existían en todos los elementos. Al azufre
combustible y el mercurio fluido y cambiante
de Ibn Hayyan añadió la sal, un elemento
sólido y permanente. Consideraba que los
medicamentos debían basarse en la *tria prima*:

*

si el facultativo era capaz de comprender la
naturaleza de los remedios en estos términos,
entonces sería capaz de curar la enfermedad.
También aplicó la *tria prima* para describir al
ser humano: la sal representaba al cuerpo, el
azufre, al alma (las emociones), y el mercurio,
al espíritu (la imaginación y el entendimiento).

Si bien reconocía el papel de los elementos
aristotélicos en la alquimia, Paracelso
rechazaba la opinión establecida, a partir de
los escritos de Galeno, de que la enfermedad
era el resultado del desequilibrio de los cuatro
humores corporales. En su lugar, defendía la
hipótesis de que la enfermedad tenía causas
externas. En 1527, quemó en público los
tratados de sus predecesores, incluyendo
los de Galeno. Este acto, escenificado en
Basilea —la ciudad donde enseñaba la ciencia
médica— le granjeó el sobrenombre de
«Lutero de la medicina». Paracelso creía que la
salud emanaba de la armonía entre el cuerpo
humano (el microcosmos) y la naturaleza
(el macrocosmos). Defendía un enfoque
alquimista de la medicina, basado

LOS TRES PRINCIPIOS o *tria prima* (azufre, mercurio y sal) fueron descritos por el médico Paracelso. En *Opus paramirum* (1530), propuso que estas tres sustancias estaban presentes en los cuatro elementos enumerados por el pensamiento clásico: la tierra, el agua, el aire y el fuego. Juntos, posibilitaban la creación de todas las cosas naturales. Los tres principios también se encontraban en todos los cuerpos: eran los tres humores. Paracelso creía que la enfermedad era resultado de la entrada en el cuerpo de un veneno externo; al asentarse este en algún órgano, los humores de toda la zona perdían su equilibrio natural. Afirmaba además que la propia naturaleza ofrecía el remedio medicinal y recomendaba a los facultativos que analizasen el veneno que había causado la enfermedad y lo usaran, combinándolo con la *tria prima*, para crear un antídoto. En el caso de la sífilis, aseguraba que el mercurio era la única cura eficaz.

Figura II.

✱

ELEMENTOS

*

Dieu séparant les éléments («Dios
separando los elementos»),
de Jean Joubert (h. 1725).

en la restauración del equilibrio entre el cuerpo
y su entorno natural. En sus tratados hablaba
del «alquimista interno» del ser humano: su
capacidad para distinguir lo útil de lo dañino.

Tanto el *al iksir* de Ibn Hayyan como la
tria prima de Paracelso se han relacionado
con la piedra filosofal, el trofeo más codiciado
de la alquimia medieval y renacentista. Se
creía que esta esquiva y misteriosa sustancia
transformaba el plomo, el cobre o cualquier
metal ordinario en un metal precioso, como
la plata y el oro. Algunos alquimistas también
pensaban que podía utilizarse como remedio
medicinal para curar la enfermedad, prevenir
el envejecimiento y, en última instancia,
alcanzar la inmortalidad.

El médico y alquimista inglés Robert
Fludd (1574-1637) coincidía con Paracelso en la
naturaleza de la enfermedad y era muy crítico
con los escritos de Aristóteles y Galeno. Sin
embargo, discrepaba de la *tria prima*. En su
opinión, no representaba el cuerpo, el alma y el
espíritu y, en su lugar, propuso tres elementos
cósmicos: Dios (el arquetipo), el mundo (el
macrocosmos) y el hombre (el microcosmos).
Fludd, astrólogo y filósofo místico, desarrolló
un interés muy particular por los elementos
e interpretó el libro del Génesis en dichos
términos: primero existió la oscuridad (el caos),
después la luz y de la luz nació el agua. Estos
eran, en su opinión, los tres elementos
primarios, mientras que los cinco elementos
de Aristóteles y los tres principios de Paracelso
eran elementos secundarios. Los estudios
de Fludd giraban en torno a la teoría del
macrocosmos y el microcosmos. Así, al
describir la circulación de la sangre, equiparó
el corazón al Sol y la sangre a los planetas, y
afirmó que, al igual que estos últimos circulan

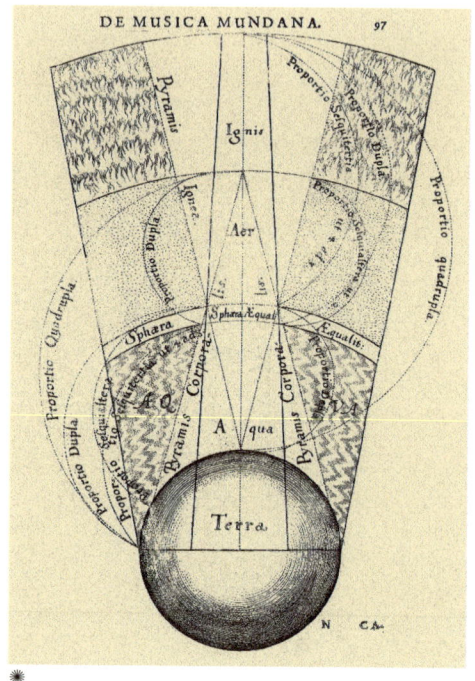

alrededor de su estrella, la sangre lo hace
por el cuerpo.

Según los Vedas, los textos sagrados
del hinduismo, escritos hacia 1500-1200 a. C.,
toda la creación se asienta sobre un sistema
de cinco elementos: *prithvi* (tierra), *apas* (agua),
agni (fuego), *vayu* (aire) y *akasha* (cielo, éter
o espacio). En la medicina ayurvédica, el cuerpo
humano consta de los cinco elementos, que
se combinan en proporciones únicas para crear
tres *doshas* o humores, cuyo equilibrio determina
la salud física, mental y emocional de cada
individuo.

En cuanto al budismo, acepta solo cuatro
elementos y rechaza el *akasha*. Cualquier
trastorno apunta a un desequilibrio de los

✳
The Subtle Body and the Chakras («El cuerpo sutil
y los chakras»), procedente de las colinas de Punjab,
en el norte de la India (h. 1850).

elementos. La meditación se centra en los chakras, que se mencionan por primera vez en los Vedas: son los vórtices energéticos del cuerpo humano y están enlazados por toda una red de canales de energía. En el sistema más habitual, los siete chakras principales se asocian con los cinco elementos: el chakra *muladhara*, con la tierra; el *svadhisthana*, con el agua; el *manipura*, con el fuego; el *anahata*, con el aire, y el *vishuddha*, el *ajna* y el *sahasrara*, con el cielo.

La tradición filosófica china de los *wuxing* también se basa en la idea de los cinco elementos, aunque difieren de los mencionados por los griegos. Más concretamente, se trata de cinco procesos o fases y, más que sustancias, son tipos de energía. La perpetua interacción entre el yin y el yang crea los cinco elementos. El yin representa la sombra, es femenino y pasivo y se relaciona con la luna, la tierra y la humedad; el yang es la luz, es masculino y activo, y se asocia con el sol, los cielos y la sequedad. Son energías opuestas y su acción recíproca genera las cinco fases. Este sistema se origina en una colección de escritos, el *Shujing* o *Clásico de documentos* (h. 2400-h. 660-620 a. C.). El capítulo «Hong Fan» («Gran plan») enumera cinco elementos —madera (*mu*), fuego (*huo*), tierra (*tu*), metal (*jin*) y agua (*shui*)— y describe cómo se coordinan para generar la armonía natural. El agua humedece y se hunde, el fuego arde y asciende, la madera se dobla y endereza, el metal cede y se transforma, la tierra recibe y da. Las fases interactúan de acuerdo con un ciclo *sheng* (generador) o *ke* (controlador). Si los *wuxing* caen en el desorden, se desata el caos. La conducta humana puede ayudar o perjudicar al funcionamiento armonioso del sistema.

Durante la dinastía Han (202 a. C.-220 d. C.), el sistema de los *wuxing* evolucionó hasta convertirse en una gran corriente filosófica y explicar el ciclo de cambio del mundo natural. Se aplicó a varias disciplinas, entre ellas la medicina y la cosmología. En el siglo I a. C., el *Huangdi Neijing* o *Canon interno del Emperador Amarillo* describió la aplicación médica de los *wuxing*. Por ejemplo, proponía que una enfermedad clasificada como «ardiente» se tratara con remedios asociados con el agua. En la astrología china, cada uno de los doce signos del zodiaco está regido, dependiendo del año en curso, por uno o varios de los cinco elementos.

✳

«La doctrina [de los alquimistas] no era una mera fantasía química, sino una filosofía que se aplicaba al mundo, a los elementos y al propio hombre».

W. B. Yeats, *Rosa alquímica*, 1896

❊
Grupo IX/UW, La paloma, n.º 14,
de Hilma af Klint (1915).

✻
Los nueve procesos de la alquimia,
en *Praetiosissimum donum dei*
(«El más preciado don de Dios»),
de George Anrach (h. 1473).

«[Los elementos] están entrelazados [...].
Cada uno de ellos permanece en el lugar que le corresponde,
ligado a los demás por la eterna revolución del mundo».

Plinio el Viejo, *Historia natural* (77-79 d. C.)

✲

✺
Ilustración de *Geometria et perspectiva* («Geometría y perspectiva»), de Lorenz Stör (1567).

✲
Region elementaire ou sublunaire («Región elemental o sublunar»), de Gregoire Mariette (1697).

1. Tierra

«La tierra que produce alimentos se trastorna con fuego subterráneo; sus piedras ocultan zafiros, sus terrones tienen oro en polvo».[*]

✸
Ilustración de *Le secret de l'histoire naturelle contenant les merveilles et choses mémorables du monde* («El secreto de la historia natural, que contiene las maravillas y cosas memorables del mundo»), de Robinet Testard (siglo XV).

✳
La Biblia, Job 28:5-6.

❋

Un grupo de obreros recoge arcilla arando la tierra; este *talatat* (bloque de piedra arenisca) formaba parte de una escena dedicada a la fabricación de ladrillos, Karnak, Egipto (h. 1353-1347 a. C.).

En mitologías de todo el mundo, la tierra es la madre primordial, la madre tierra, que da la vida a todas las cosas. Aquellas primeras sociedades humanas relacionaban la maternidad con la fertilidad de la naturaleza, lo que originó deidades femeninas que encarnaban a la tierra. Según la mitología griega, la diosa Gaia (Gea) es el primer ser que emerge del caos anterior a la creación: representa a la tierra de la que brota la vida (el suelo, sus piedras, sus cadenas montañosas y planicies).

Para el pueblo okanaga, originario del actual estado de Washington (Estados Unidos), la tierra es «el Antiguo». La carne de este ser primigenio es el suelo, el cabello son las plantas, los huesos están hechos de piedra, y el hálito, de viento. En la mitología de los hopis, pueblo del suroeste de Estados Unidos, la Mujer Araña moldea con arcilla a los primeros animales y hombres, y a estos últimos les enseña a cultivar. La tierra madre de los incas, Pachamama, también es la Madre Maíz, que vela por la siembra y recolección de las cosechas. En la mitología nórdica, los dioses Odín, Vili y Ve matan al gigante Ymir y convierten su cuerpo en la tierra; a su alrededor vierten su sangre, el mar, y crean el suelo con su carne, y con los huesos, las piedras.

Algunos mitos de la fertilidad giran en torno al concepto de sacrificio y resurrección. Es el caso del dios egipcio Osiris. La versión más habitual establece que Osiris, antiguo gobernante de Egipto, es asesinado por su hermano, Set. Osiris es desmembrado y sus restos dispersados por todo el territorio. Isis, esposa de Osiris, recupera los despojos, vuelve a unirlos y entierra el cuerpo. Osiris desciende al inframundo; allí tiene el poder de devolver la vida, por ejemplo, a las cosechas y las plantas mediante la crecida anual del Nilo.

Los protagonistas de otros mitos de la fecundidad descienden al inframundo, pero regresan de él. La diosa griega de la cosecha, Deméter, vela por que las plantas crezcan y los cultivos den sus frutos. En esta tarea cuenta con la ayuda de su hija, Perséfone. Un día, Hades, dios del inframundo, secuestra

❋

a Perséfone para hacerla su esposa. Deméter, desconsolada, vaga por la tierra en busca de su hija y los cultivos se secan. Para resolver la situación, Zeus accede a que Perséfone suba del inframundo en primavera y verano para ayudar a su madre, pero debe volver con Hades el resto del año. Así es como Perséfone se convierte en la diosa de las estaciones.

Todos los aspectos de la tierra se encarnan en las deidades. La diosa celta Abnoba personifica la naturaleza, las montañas y la caza, mientras que la hindú Aranyani representa a los bosques y los animales. Ajá, una diosa de la naturaleza (u *orisha*) de los yorubas, se asocia con los bosques, los animales y las plantas medicinales. Konohanasakuya-hime es la diosa japonesa de la flor del cerezo y del monte Fuji.

Desde tiempos remotos, el ser humano ha ideado rituales relacionados con la regeneración de la naturaleza. Los más importantes eran los dedicados al renacimiento de la vida en primavera y a la recogida y nueva siembra de las cosechas en otoño. En abril, los romanos dedicaban siete días al Cerealias, un festival en honor de Ceres, diosa de la semilla. Los festejos otoñales también eran importantes. En Grecia, las Tesmoforias honraban a Deméter en octubre, durante la siega.

En la antigua cultura celta, ocho festivales acogían los cambios de estación; el paganismo moderno y el culto *wicca* los llaman «rueda del año» y se organizan en los solsticios de verano e invierno, los equinoccios de primavera y otoño y en los puntos intermedios entre todos ellos. En el día de Beltane (30 de abril-1 de mayo), la fertilidad y la futura llegada del verano se honraban con una hoguera y bailes; los Mayos descienden de estas fiestas arcaicas. La cosecha se recibía con las fiestas de Lugnasad,

✱

a principios de agosto. Mabon, en el equinoccio de otoño, marcaba la pérdida de un dios o diosa, que descendía al inframundo, para volver la primavera siguiente trayendo consigo el renacer de la vida. Yule coincidía con el solsticio de invierno: en honor del dios del sol, se decoraban los árboles (hogares de deidades y espíritus) y se quemaba el tronco de Yule para ensalzar el regreso de la luz.

Aristóteles consideraba que la tierra era el elemento menos puro y el que ocupaba la posición más baja del reino sublunar. Sus cualidades eran el frío y la sequedad, y se asociaba con el humor melancólico, el otoño y la madurez. En la filosofía platónica, le correspondía el cubo, un sólido de aspecto firme y regular. En el tantrismo hindú, el elemento tierra se relaciona con el *muladhara*, el chakra raíz, que rige la estabilidad y la sensatez. El símbolo de este chakra es el loto de cuatro pétalos: representan los cuatro elementos que, unidos, conforman el mundo físico.

EL HOMBRE VERDE es una de las figuras más populares y longevas del folclore. La imagen de un rostro humano cubierto de hojas (y del que a veces brota vegetación de lo más diversa) se ha asociado con las deidades de la naturaleza e interpretado como un símbolo de la fertilidad y el renacer. Este motivo ya se encontraba en la arquitectura romana, en iglesias medievales y en el Gran Palacio de la Constantinopla bizantina (siglo VI). A falta de un significado definitivo, el Hombre Verde se ha reinventado una y otra vez a lo largo de la historia y en todas las culturas. En la Inglaterra del siglo XVIII, el personaje conocido como Jack in the Green (Jack el Verde) participaba en las procesiones de los Mayos; esta persona, enfundada en una estructura de mimbre cubierta de follaje, procesionaba normalmente acompañada de músicos. La tradición se había perdido al llegar el siglo XX, pero en las décadas de 1970 y 1980, algunas fiestas la recuperaron y Jack in the Green ha seguido desfilando hasta nuestros días. El Hombre Verde perdura en las creencias paganas como un símbolo de la fusión espiritual del hombre con la naturaleza.

✻

Escena de jardinería de la tumba de Ipuy, en Deir el Medina, Tebas (Egipto, h. 1295-1213 a. C.); copia pintada por Norman de Garis Davies (1924).

✻

«Greenman Falling» («La caída del Hombre Verde»), vitela pintada de la serie *The Oval Oraculum* («El oráculo ovalado»), de Kahn & Selesnick (2023).

CERES era la diosa romana de la agricultura, la fertilidad, las semillas y la cosecha, como lo era Deméter en la mitología griega. Se le atribuían el descubrimiento de la espelta, del arado y de la siembra y nutrición de las semillas, y sus leyes y ritos protegían los ciclos agrícolas. En las representaciones más habituales, aparece ornamentada con cereales, frutos y vegetales comestibles, simbolizando así su capacidad de proveer alimento con el trabajo de la tierra. En los mitos romanos más primitivos, era madre de Líber, dios del vino (como Baco en la Grecia clásica).

*

* Kermina suzani (un tipo de tela
bordado) con plantas en flor,
procedente de Uzbekistán
(1800-1850).

* Lady Bruntisfield (Dorothy Etta
Warrender, nacida Rawson) vestida
de Ceres; fotografía de Madame
Yevonde (1935).

«Lo que la tierra alimenta y cría
A la tierra es devuelto. Ella sin duda
es el vientre de todo y su sepulcro,
y, como tal, merma y vuelve a crecer».

Tito Lucrecio Caro, *De la naturaleza de las cosas*, h. 99-h. 55 a. C.

Ilustración de una serpiente, en un manuscrito de Rajastán (India), que relaciona a los ofidios con la enfermedad o con la *kundalini*, la energía que reside en la base de la columna vertebral (siglo XX).

Gnossienne No. 1 ID#148, de Latifa Medjdoub; fotografía de Zeyn Downes (2023).

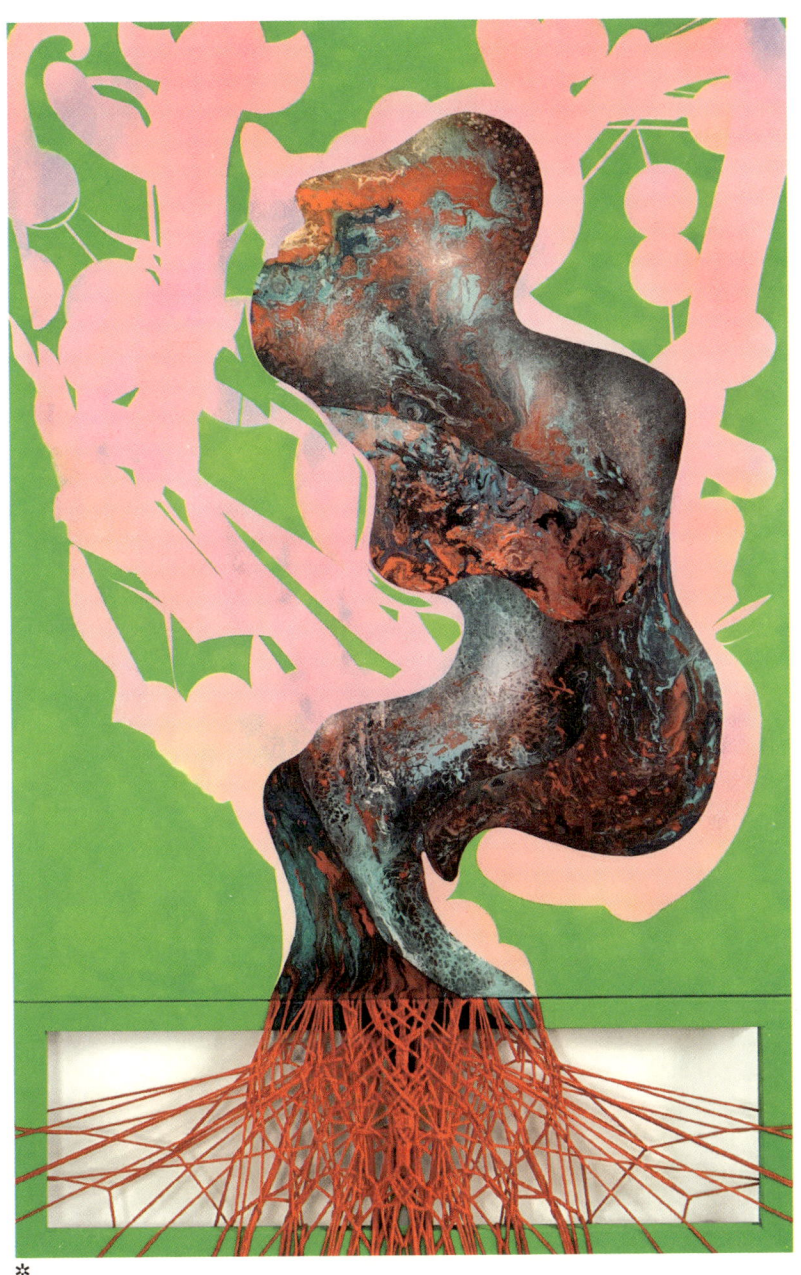

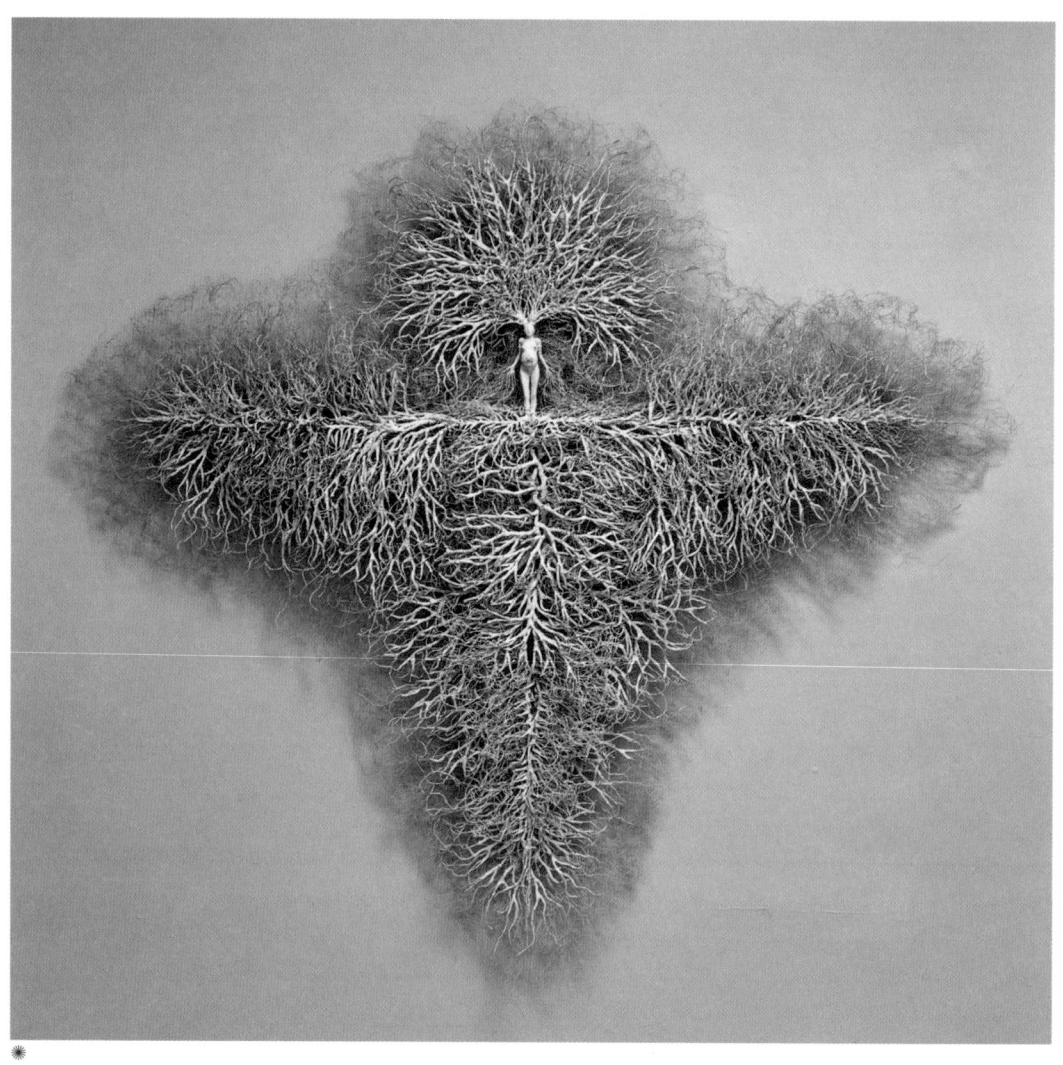

«Esa parte del mundo [...], el soporte más firme
de la naturaleza, como lo son los huesos
para un ser vivo, es la tierra».

Thomas Stanley, *The History of Philosophy* («Historia de la filosofía»), 1656

ELEMENTOS

❋ *Crucible* («Crisol»), de Cathy de Monchaux; técnica mixta (2024).

✳ *From the Mountain to the Lake* («Desde la montaña hasta el lago»), de Tracey Emin (2023).

✳

«¡Ah! No durmáis, oh, fatalistas irreflexivos,
mientras no hayáis alcanzado el árbol de la vida
cargado de frutos».

Jalaluddin Rumi, *Historia V: El león y las bestias* (siglo XIII)

✱
Nested («Anidados»), de Damien Jalet
y Kohei Nawa, con representación
a cargo de los bailarines Aimilios
Arapoglou y Mayumu Minakawa,
durante el Festival de Arte Reborn,
en Miyagi (Japón); fotografía
de Yoshikazu Inoue (2019).

✻
Un ratón y una rana en la orilla
de un estanque; ilustración de
El Masnavi, de Jalaluddin Rumi,
en un manuscrito iluminado
de 1663.

*

« *Nuevos pies recorren mi jardín,*
Nuevos dedos remueven la tierra ».

Emily Dickinson, *Poemas*, «Sección III: Naturaleza»,
poema 1 (publicado en 1890)

✱

Teasel, Honesty, Yarrow
(«Cardencha, lunaria,
milenrama»), de Emma Biggs;
detalle de la obra, materiales
naturales sobre arpillera
y madera (2023).

✱

Materials for Survival
(«Materiales para la
supervivencia»), de Emma
Talbot; detalle de la obra,
tapiz de seda pintado (2023).

✱

Tortugas, en una pintura aborigen sobre corteza de árbol (Australia).

Life Cycles («Ciclos de vida»), de Minna Leunig; acrílico sobre lino (2022).

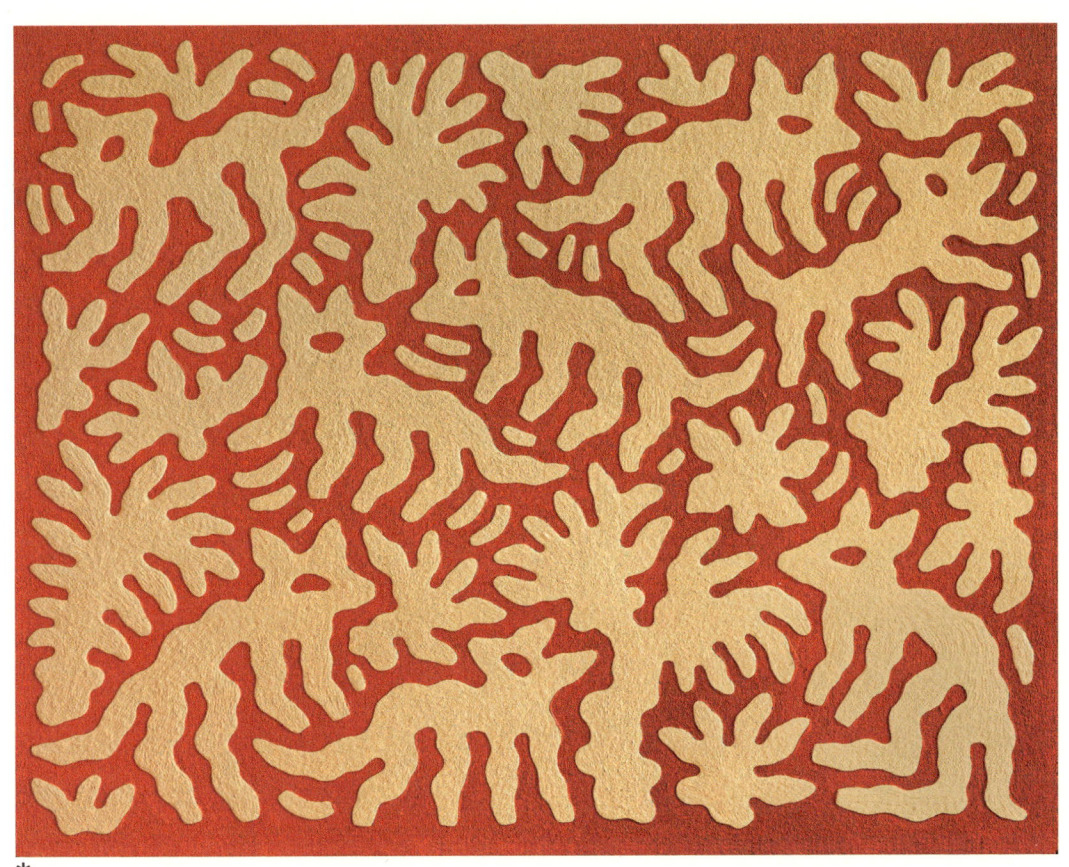

*

*«Pertenecemos a la tierra. La tierra nos cría. [...]
Ningún ser humano es más viejo que la tierra
[...] y ningún marsupial es tan viejo como la tierra.
Todo lo que vino y se fue, toda la carne con vida,
ha muerto. Pero la tierra sigue aquí».*

Bob Randall, anciano yankunytjatjara y custodio de Uluru (la Roca de Ayers),
en *The Land Owns Us* («La tierra es nuestra dueña», 2009)

*
Seres mitad planta y mitad animal
en una pintura de la India; temple
con goma arábiga y oro sobre papel
(siglo XVII).

✱
El juicio final, de Fra Angélico;
detalle de la tabla conservada
en el Museo de San Marcos
de Florencia (Italia), 1425-1430.

PARAÍSO y cielo son sinónimos: es la idílica, exuberante y pacífica tierra prometida a los virtuosos tras la muerte y para toda la eternidad. La palabra «paraíso» deriva de un antiguo vocablo iranio que significa «jardín cercado». En el Imperio aqueménida (550-330 a. C.), los extensos jardines paraíso se dividían en cuatro cuadrantes, separados por canales de agua; estos parques rebosantes de flores y árboles frutales eran espacios armoniosos y protegidos.

✻

Fotograma del cortometraje *Guardians of the Soil*, producido y dirigido por Sophie Ferrier (2021). En la imagen, el Guardián del martillo, interpretado por Hannah Padgett.

Grapnel («Rezón»), de William Cobbing (2023).

*

«*Tierra, imagen mía,*
Tan impasible, amplia y esférica como pareces,
Sospecho no obstante que eso no es todo;
Sospecho que algo fiero en ti está a punto de estallar».

Walt Whitman, «Tierra, imagen mía», en *Hojas de hierba*, 1891-1892

✳

The Wheel of Fortune («La rueda
de la fortuna»), de Ghalia Benali
(2013, revisado en 2022).

✻

Mues de Loba, Izabella Ortiz, 2015.

«¿Qué raíces prenden, qué ramas crecen
en estos despojos de piedra?».

T. S. Eliot, *La tierra baldía* (1922)

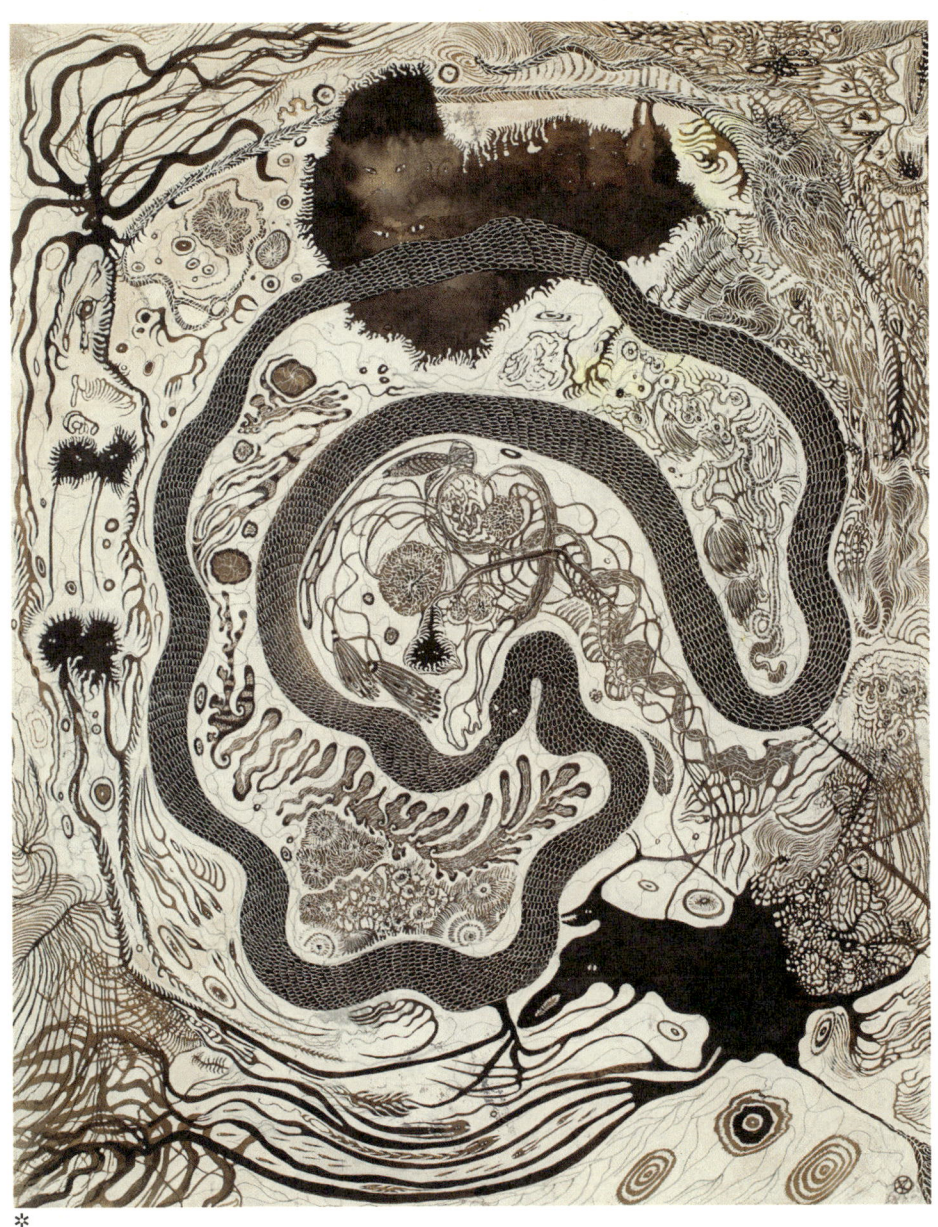

*

*«La fuerza que por el verde tallo impulsa a la flor
Alienta mis verdes años;
la que marchita las raíces del árbol,
Me destruye».*

Dylan Thomas, «La fuerza que por el verde tallo», en *18 poemas* (1934)

*

*«Me entrego al fango para crecer de la hierba que amo.
Si deseas que vuelva, búscame bajo la suela de tus botas».*

Walt Whitman, «Canto a mí mismo», en *Hojas de hierba* (1891-1892)

✳

✳
Tumbas ornamentadas con flores,
fotografía de Walker Evans
(octubre de 1973).

✳
Sand Fountain («Fuente de arena»),
de Joseph Cornell, h. 1961.

*

Ilustraciones de minerales británicos, en *British Mineralogy or, the Coloured Figures Intended to Elucidate the Mineralogy of Great Britain* («Mineralogía británica o Ilustraciones en color destinadas a esclarecer la mineralogía de Gran Bretaña»), de James Sowerby, 1802-1817.

Cerne Abbas Giant («El Gigante de Cerne Abbas»), de Eric Ravilious, h. 1939.

*

LOS GEOGLIFOS de colina se dibujan en las laderas de los cerros
retirando la vegetación hasta revelar la piedra desnuda y rellenando
la zanja resultante con cal o con piedra caliza. En Inglaterra, algunas
de estas *hill figures* o «figuras de las colinas» tienen más de 3000 años.
Uno de los más conocidos es el Gigante de Cerne Abbas, en Dorset.
Esta silueta humana, de unos 55 metros de altura, se remonta al período
anglosajón (450-1066). Se cree que señalaba un punto de reunión
para las tropas anglosajonas, aunque algunas narraciones del folclore
local aseguran que representa a un gigante real muerto a manos
de los habitantes de Cerne Abbas.

*

«*El cielo truena sobre nosotros, la tierra tiembla bajo nuestros pies,
Pues Geb, el dios de la tierra, se estremece y el sacrificio
se ha completado*».

«El sacrificio del rey», *Textos de las pirámides* (h. 2613-2181 a. C.)

✳

«Quiero cantar a la sólida Gaia, madre de todos,
la más antigua de los seres. Nutre a todas las criaturas del mundo,
a cuantas caminan sobre la gloriosa tierra, a cuantas habitan los mares
y a cuantas vuelan: todas se alimentan de su riqueza».

«A Gaia, madre de todos», en *Himnos homéricos*

✳

Rebis, de Ali Banisadr (2023).

✳

Earth («Tierra»), de Kiki Smith (2012).

✳

Danzante fantasma del pueblo
kwakwaka'wakw, en Estados Unidos;
fotografía de Edward S. Curtis;
impresión en gelatina de plata
(1910-1914).

Wildeman op een eenhoorn («Wodwo
u Hombre Verde a lomos de un
unicornio»), del Maestro del Gabinete
de Ámsterdam (1473-1477).

*

«Levanta y viste tu follaje,
que todos te vean
Llegar fresca y verde como
la primavera».

Robert Herrick, «Corinna's Going a Maying»
(«Corinna en los Mayos»), en *Hesperides* (1648)

Garden («Jardín»), diseño para una alfombra, de Gunta Stölzl (sin fecha).

Rooting («Enraizado»), de Damien Jalet, con representación a cargo del bailarín Aimilios Arapoglou, durante el Festival de Arte Reborn, en Miyagi (Japón); fotografía de Yoshikazu Inoue (2019).

*

«¿Quién aliviará a estos niños enfebrecidos?
¿Quién justificará las incansables exploraciones?
¿Quién contará el secreto de la impasible tierra?».

Walt Whitman, «Pasaje a la India», en *Hojas de hierba* (1891-1892)

2. Agua

«Nada hay más suave
y débil que el agua,
y sin embargo nada
es más fuerte contra
las cosas sólidas y duras.
Por esta razón,
*nada puede reemplazarla».**

✳ «Los remolinos de Naruto, en la provincia de Awa», de la serie *Rokujūyoshū meisho zue* («Vistas de lugares famosos de las sesenta y tantas provincias»), de Utagawa Hiroshige (h. 1853).

✻ Lao Tzu, *Tao Te Ching* (siglo VI a. C.)

«*La terre, ses fleuves et ses rivières*» («La tierra, sus ríos
y corrientes»), procedente de una traducción al
francés de *De Proprietatibus Rerum* (*Sobre las propiedades
de las cosas*), de Bartolomeo Ánglico, iluminado
por Évrard d'Espinques (1479-1480).

El agua solo necesita unos instantes
para sembrar la destrucción: es
una de las fuerzas más poderosas
de la tierra y, sin embargo, también
es el origen y sustento de toda vida.
Cubre más del 70 por ciento de la superficie
terrestre, tiene la fuerza de esculpir paisajes
y al mismo tiempo es tan maleable que se
adapta a cualquier recipiente. Sus cualidades
aristotélicas son la humedad y el frío. La teoría
de las correspondencias la asocia al invierno
y a la sabiduría que nace con la madurez, al
temperamento flemático, que es tranquilo
e impávido, y al dios romano de los mares,
Neptuno. El agua se vincula con el chakra sacro,
el *svadhisthana*, caracterizado por la fluidez, la
adaptabilidad y la creatividad. Y en alquimia
es una energía femenina y encarna la intuición.

En mitologías de todo el mundo, el agua
representa el caos que existía antes de
la creación. De esta agua primordial los dioses
crearon el mundo, proceso que representa el
momento en que el orden emergió del caos.
En la mitología griega, la Tierra era un disco
rodeado por un río cósmico llamado Océano,
agua primordial y fuente inagotable de toda
vida. De todos los dioses del Olimpo era un
hermano de Zeus, Poseidón, quien gobernaba
los mares. Criado por Cafira, hija de Océano,
Poseidón podía despertar olas, levantar
tempestades y provocar seísmos. Su poder
se extendía sobre los lagos y las fuentes de agua,
pero no sobre los ríos, protegidos por sus
propias deidades.

Tales de Mileto, filósofo del siglo VI a. C.,
pensaba que el agua era el elemento básico
subyacente en toda materia. Observó una isla
que parecía alzarse y hundirse en el horizonte,
y de ello concluyó que la tierra se formaba

por condensación del agua y podía también
ser disuelta por esta. En su opinión, los ríos
y océanos se comunicaban mediante las nubes,
a través del vapor de agua que se movía
alrededor del planeta generando la lluvia,
el granizo y la nieve.

También abundan los mitos de diluvios.
Algunos contribuyen a la creación del mundo,
mientras que otros simbolizan un nuevo
comienzo o la segunda oportunidad concedida
a la humanidad. Enfurecido por los pecados del
hombre, Dios envía una inundación destructiva,
de la que solo se salvan un hombre y su familia
para que la estirpe humana pueda sobrevivir:
Noé en el Génesis, Utnapishtim en el *Poema
de Gilgamesh* y Deucalion en la mitología griega.
En los ritos de purificación de muchas religiones
perviven los ecos de estos mitos. Así, en el
hinduismo, la diosa Ganga personifica al río

Olla del pueblo zuñi (o *she-we-na*) adornada con un Pájaro de la Lluvia, procedente de Nuevo México, en Estados Unidos (1850-1860).

Ganges y todo aquel que se baña en sus aguas queda libre de pecado. El sacramento cristiano del bautismo consiste en derramar agua sobre el candidato o sumergirlo en agua. Y en el sintoísmo y el islam, quien visite un lugar de culto debe lavarse antes.

Los dioses de la lluvia aportaban el agua vital para las cosechas, aunque también causaban riadas devastadoras. Muchas deidades relacionadas con la meteorología protegían la fertilidad. Zeus era el dios griego del cielo y se le vinculaba con la lluvia, el trueno y el relámpago. Los aztecas creían que Tlaloc, dios de la lluvia y la fertilidad, enviaba diluvios cuando estaba descontento y realizaban sacrificios humanos para apaciguarlo. En el suroeste de Estados Unidos, el dios Tonenili del pueblo navajo es venerado por traer la lluvia, la nieve y el hielo.

En la mitología china, los dragones controlan todas las aguas y pueden crear nubes al exhalar. Yinglong, responsable de las precipitaciones, dormía todo el invierno y se despertaba en la estación lluviosa. Ya en el siglo VI a. C., durante los rituales chinos de la lluvia se exhibía la figura de un dragón, una estructura de madera forrada con papel o tela que desfilaba movida por bailarines.

En la Antigüedad, los hombres de mar estaban expuestos a numerosos peligros, reales o imaginarios. En *La Odisea*, de Homero, Ulises y su tripulación son amenazados por los guardianes del estrecho de Mesina, que separa Sicilia de la Italia continental: a un lado, Escila, monstruo de seis cabezas que se alimentaba de marineros; al otro, Caribdis, que tomaba la forma de un remolino gigante y los arrastraba a la muerte. Los barcos debían sortearlos y no eran los únicos peligros percibidos. En algunos

mitos, la separación de la tierra y el agua implicaba la derrota de una criatura acuática, que, tras sobrevivir al nacimiento de la tierra firme, moraba agazapada en las profundidades del océano. Las leyendas sobre serpientes o dragones abundan en muchas naciones marineras; el Kraken de Escandinavia y el Lusca del Caribe eran pulpos gigantes que atacaban a los barcos para hundirlos.

Una de las criaturas fabulosas más perdurables es la sirena, que se basa en el mito de Atargatis, la bellísima diosa siria de la luna, la fertilidad y el agua. Los mercaderes griegos que recorrían el Mediterráneo difundieron su culto por todo el mundo heleno, donde se la consideraba una representación de Afrodita. Según la tradición, Atargatis deseaba convertirse en pez y, para ello, se sumergió en un lago, pero los dioses quisieron preservar su hermosura y decidieron que conservara la forma humana en la mitad superior del cuerpo. Era tal la creencia en estas criaturas que, en enero de 1493, durante su primer viaje a América, el navegante Cristóbal Colón aseguró que había visto tres sirenas frente a las costas de La Española. Es muy probable que fueran manatíes.

«Estos paisajes de agua y reflejos se han convertido en una obsesión».

Carta de Claude Monet a Gustave Geffroy, fechada el 11 de agosto de 1908

*

✻   *El pantano*, de Gustav Klimt (1900).   ✻   *Nenúfares*, de Claude Monet (1922).

LAS MANGAS MARINAS o trombas se desarrollan en entornos de gran
humedad y habitualmente a unos 100 kilómetros de la costa —aunque
se han observado también en algunos lagos—. Si bien las regiones
tropicales y subtropicales son más propensas a este fenómeno, también
se ha documentado en zonas templadas, sobre todo a finales de verano.
El ciclo de vida de las mangas pasa por cinco estados. Comienza como
un disco sobre la superficie, de color claro y rodeado de un área más
oscura. Ambas zonas se transforman en espirales en sus respectivas
tonalidades, de menos de dos kilómetros de diámetro. De las espirales
emerge entonces un surtidor de agua. Este adopta la forma de un embudo
a medida que el aire sube girando hacia a la nube (cúmulo, cumuliforme
o cumulonimbo) que, en paralelo, se desarrolla justo encima de la manga.
Finalmente, cuando el aire caliente que circula hacia el vórtice se debilita,
el embudo empieza a disiparse y, pasados unos veinte minutos, la manga
se desmorona sobre la superficie y desaparece.

El *Mildred*, botado en 1889 y que naufragó frente a Gurnard's Head, en Cornualles (Reino Unido); fotografía tomada en 1912.

Manga marina fotografiada por la tripulación del USS *Pittsburgh* en la desembocadura del río Yangtsé, en China; imagen publicada en *Flug und Wolken* («Vuelo y nubes»), de Manfred Curry (1932).

✳

✱
Plonge («Zambullida»),   *Sea Form (Atlantic)*, («Forma
de Didier William (2023).   marina [Atlántico]»), de
                            Barbara Hepworth (1964).

«Sus placeres,
como delfines, la espalda mostraban
sobre el elemento que habitaban».

William Shakespeare, *Antonio y Cleopatra*,
Acto V, Escena II, versos 108-110 (1607).

*

«Señor, ¿se dirige tu ira contra los ríos?
¿Se dirige tu ira contra el mar...?».

Salmo 93 del Ciclo de Baal de los textos de Ugarit (h. 1500-1300 a. C.), descubiertos
en Ras Shamra (Siria), a partir de la traducción al inglés de Theodor H. Gaster

✳

✳

✳

Planet (wanderer) («Planeta (errante)»), de Damien Jalet y Kohei Nawa, con la interpretación de los bailarines Christina Guieb, Francesco Ferrari y Astrid Sweeney; fotografía de Rahi Rezvani, 2021.

✳

El mar de hielo, de Caspar David Friedrich (1823-1824).

*

ELEMENTOS

The State We're In, A
(«El estado en que nos
encontramos, A»), de
Wolfgang Tillmans (2015).

EL FOTÓGRAFO NICK BRANDT publicó, en 2023, su colección fotográfica *Sink/Rise* («Hundirse/Emerger»). Esta serie de retratos subacuáticos, realizados frente a la costa de las islas Fiyi, pretende alertar del devastador futuro que espera a las comunidades de las islas del Pacífico sur, amenazadas por el incremento del nivel del mar derivado del cambio climático.
Se estima que, para mediados del siglo XXI, el mar habrá subido entre 25 y 58 cm en el Pacífico: las islas con litorales más bajos sufrirán graves inundaciones y los acuíferos subterráneos se perderán. Si la temperatura del globo aumenta 2 °C con respecto a los niveles preindustriales, en esta región, las aguas se calentarán hasta el punto de causar la muerte del 90 por ciento de los arrecifes de coral, con la consiguiente amenaza que ello supone para las especies que dependen de ellos.

*

*

«¡El agua es una sustancia de lo más extraordinaria!
Casi todas sus propiedades son anómalas y esto permitió
que la vida la utilizara para construir su maquinaria.
La vida es agua bailando al son de los sólidos».

Albert Szent-Györgyi, *The Living State: With Observations on Cancer*
(«El estado vivo, con observaciones sobre el cáncer»), 1972

✲

*

*

«*Cada hoja y cada ramita amanecieron cubiertas de una
reluciente armadura de hielo; hasta la hierba de los claros
se adornaba con innumerables pendientes de diamantes.
[...] Era un naufragio de joyas, un estallido de gemas*».

Henry David Thoreau, «Escarcha», *El diario*, entrada del 21 de enero de 1838

«El río está al mismo tiempo en la fuente y en la desembocadura, en la cascada, junto al barco, en las corrientes, en el mar y en las montañas, en todas partes».

Hermann Hesse, *Siddhartha* (1922)

✻

✻
Dos mujeres en la orilla,
de Edvard Munch (1898)

✻
«La cascada de Yōrō de la provincia
de Mino», de la serie *Shokoku taki
meguri* (*Recorrido por las cascadas de varias
provincias*), de Katsushika Hokusai (h. 1832).

* Dibujos de olas y ondas, en
Ha Bun Shu, de Yūzan Mori (1919).

❋
The wave («La ola»), de Christopher
Richard Wynne Nevinson (1917).

94   ELEMENTOS

«*Las he visto cabalgando las olas mar adentro,*
Peinando hacia atrás el albo cabello de las ondas
Cuando el viento sopla contra el agua blanca y negra».

T. S. Eliot, *La canción de amor de J. Alfred Prufrock* (1915)

✳

LA MÁQUINA DE VAPOR, alimentada por combustibles fósiles como el carbón, la madera y el petróleo, potenció la Revolución Industrial en Europa y Estados Unidos entre 1760 y 1840. La máquina diseñada por James Watt en 1776 mejoró notablemente el ingenio atmosférico presentado por Thomas Newcomen en 1712: incorporaba un mecanismo rotativo y duplicaba la eficiencia del combustible. En 1801, los motores de vapor a alta presión diseñados por Richard Trevithick y Oliver Evans transformaron el rendimiento de maquinarias, locomotoras y barcos. Las fábricas necesitaban un suministro constante de agua, por lo que se construían a orillas de mares y ríos. Los vapores de ruedas transportaban correo, pasajeros y mercancías por las corrientes de los ríos y cruzando los mares. Para 1811 existía ya un servicio regular de vapores que unía Pittsburgh y Nueva Orleans navegando por los ríos Ohio y Misisipi. Cuando estalló la fiebre del oro en California en 1848, los vapores de ruedas viajaban con regularidad desde Nueva York a San Francisco, con escala en Panamá. Una vez en San Francisco, remolcadores de vapor (de menor tamaño) recorrían la bahía para llevar a los mineros lo más cerca posible de los yacimientos de oro, que se encontraban en el área de Sacramento, en California.

✳

*

*
The Tugboat o Le Vapeur («El barco
de vapor»), de Gustave Le Gray;
copia a la albúmina (1857).

*
Modelo sumergida en un tanque
de delfines del acuario Marineland,
en Florida (Estados Unidos);
fotografía de Toni Frissell (1939).

«¿Por qué era sagrado el mar para los antiguos persas?
¿Por qué le concedieron los griegos su propia divinidad,
un hermano del mismísimo Júpiter? [...]
Vemos nuestro reflejo en todos los ríos y océanos.
Es la imagen del evanescente fantasma de la vida.
He aquí la clave de todo».

Herman Melville, *Moby Dick* (1851)

Representación de la diosa
zoroástrica Anahita en una fuente
de plata sobredorada (Irán, 400-600).

Nereida cabalgando un monstruo
marino, en una paleta de piedra
hallada en Gandhara (región que
en la actualidad se encuentra entre
el noroeste de Pakistán y el noreste
de Afganistán); 99 a. C.-100 d. C.

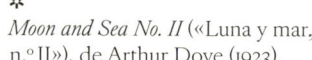

✺ Olas causadas por el tifón
Cimarrón en Japón; fotografía
de Chika Oshima (2018).

✳ *Moon and Sea No. II* («Luna y mar,
n.º II»), de Arthur Dove (1923).

ELEMENTOS

«Al dirigir la mirada hacia el mar, contemplaron un gran muro de agua, de entre 30 y 90 pies de alto [entre 10 y 30 metros], que se dirigía hacia la orilla. Lo destruyó todo a su paso [...] y se retiró cargado de muerte y devastación».

Noticia sobre la erupción del volcán Krakatoa publicada en *The San Diego Union* el 2 de septiembre de 1883

*

EL SURF parece ser un invento polinesio; en estas islas lo disfrutaban hombres, mujeres y niños de todos los estratos sociales, y unas pinturas rupestres del siglo XII muestran ya a personas cabalgando las olas. En los siglos XVII y XVIII, los exploradores europeos elogiaban las habilidades de los surferos que encontraban en sus viajes. En 1778, el doctor William J. Anderson, médico del barco del capitán James Cook, comentó sus impresiones: «Era evidente que aquel hombre experimentaba un placer supremo al deslizarse con tanta rapidez y suavidad por el mar». Durante las dos primeras décadas del siglo XX, el nadador olímpico Duke Kahanamoku realizó varias giras de exhibición del surf en Estados Unidos y Australia, y se le atribuye haber popularizado este deporte en ambos países.

✳ Charles Kauha con una tabla de surf de tipo *alaia*, en la playa de Waikiki, en Hawái (Estados Unidos); fotografía de Frank Davey, h. 1898.

✱ Iceberg de Hall Bredning, en Groenlandia; fotografía de Elsa Guillaume desde la goleta polar de aprovisionamiento *Persévérance* (21 de agosto de 2023).

Drops of Rain («Gotas de lluvia»), de
Clarence H. White; platinotipia, h. 1903.

Lágrimas, de Man Ray; impresión
en gelatina de plata (h. 1932).

*«La salpicadura de una gota
es una transacción consumada
en un abrir y cerrar de ojos».*

A. M. Worthington, *The Splash of a Drop* («La salpicadura de una gota»), 1895

«*Nueve meses han llevado las nubes su carga*
Concebida de los brillantes rayos del sol,
Y, tras beberse los mares, dan a luz
Y dejan caer a su vástago sobre la tierra».

Valmiki, *Ramayana*, Libro 4, Canto XVIII (h. siglo IV a. C.)

*

*

Cristo dormido durante la tempestad,
de Eugène Delacroix (h. 1853).

Krishna y Radha paseando bajo la lluvia,
Jaipur, Rajastán (India, h. 1775).

Agua

107

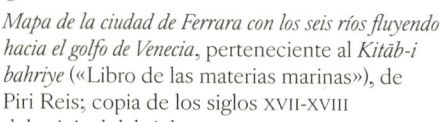

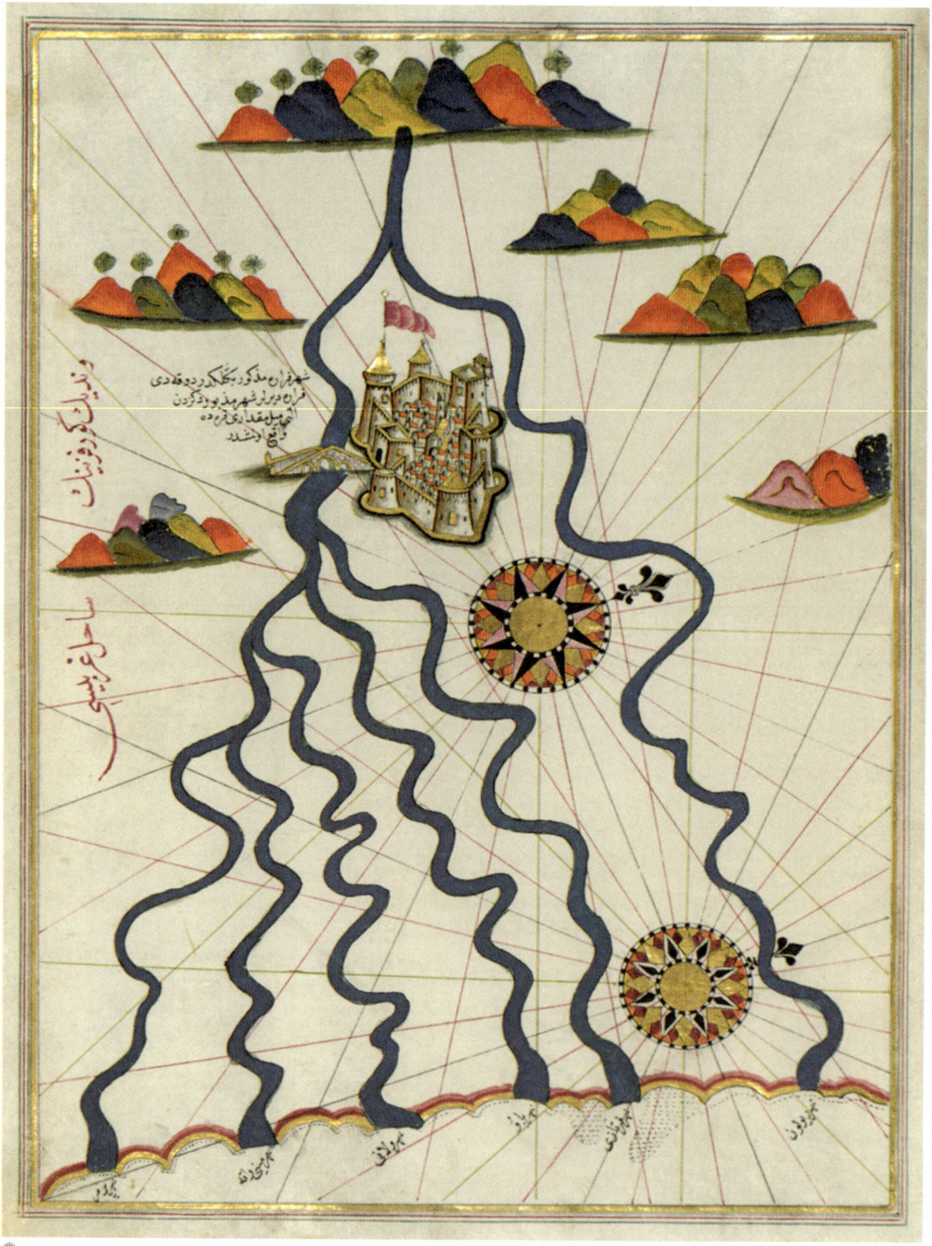

*

«*Puesto que el elemento del agua reposa en el centro
del globo, las ramas parten de la raíz en todas
direcciones, hacia las llanuras y hacia la luz.
De esta raíz nacen muchas ramas*».

Paracelso, «Sobre el elemento del agua»,
en *La filosofía de la generación de los elementos* (siglo XVI)

EL DRAGÓN JAPONÉS RYŪJIN, dios del mar, personifica el poder
del océano. Según la leyenda, vivía en un palacio de coral rojo y blanco
construido en el lecho marino, en compañía de sus hijas y de otros
espíritus oceánicos. Estaba en posesión de las gemas de las mareas,
con las que controlaba las aguas, y todas las criaturas del mar le rendían
pleitesía. Otro mito cuenta que Jingū, una reina guerrera probablemente
legendaria, gobernó Japón como emperatriz regente tras la muerte
de su esposo, el emperador Chūai. En el año 200, Jingū decidió invadir
la península de Corea y pidió prestadas a Ryūjin las joyas de la marea.
Estas gemas, que gobernaban el mar, permitieron a Jingū establecer
el dominio japonés sobre Corea.

✸
Vasija del dios de la lluvia, de
la cultura mixteca; procedente
de El Chanal, en Colima
(México, h. 1100-1400).

✳
Representación de una de las
hijas del rey dragón de los mares,
de Utagawa Kuniyoshi; xilografía,
Japón (1832).

✳

«En esta era, en la que el hombre ha olvidado sus orígenes e ignora hasta sus necesidades de supervivencia más básicas, el agua, como otros recursos naturales, se ha convertido en víctima de su indiferencia».

Rachel Carson, *Primavera silenciosa* (1962)

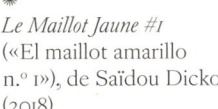

Le Maillot Jaune #1
(«El maillot amarillo
n.º 1»), de Saïdou Dicko
(2018).

Snow («Nieve»), de
Saul Leiter; revelado
cromogénico (1970).

*

✳

«*Cuando el espíritu se agita, vago a solas*
Rodeado de belleza, que lo es todo para mí. [...]
Camino hasta que el agua detiene mi paso
Y me siento a contemplar las incipientes nubes».

Wang Wei, *Mi retiro en la montaña Zhongnan* (siglo VIII)

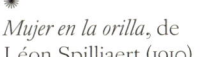
Mujer en la orilla, de
Léon Spilliaert (1910).

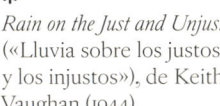
Rain on the Just and Unjust
(«Lluvia sobre los justos
y los injustos»), de Keith
Vaughan (1944).

*

«*Y así, junto a la orilla del agua,*
Otro mundo a mis pies creí ver;
Y mientras el noble y ancho cielo
Volteaba, con los ojos engañados,
Imaginé que otros pies
Hallaban y tocaban los míos».

Thomas Traherne, *Shadows in the Water* («Sombras en el agua»), siglo XVII

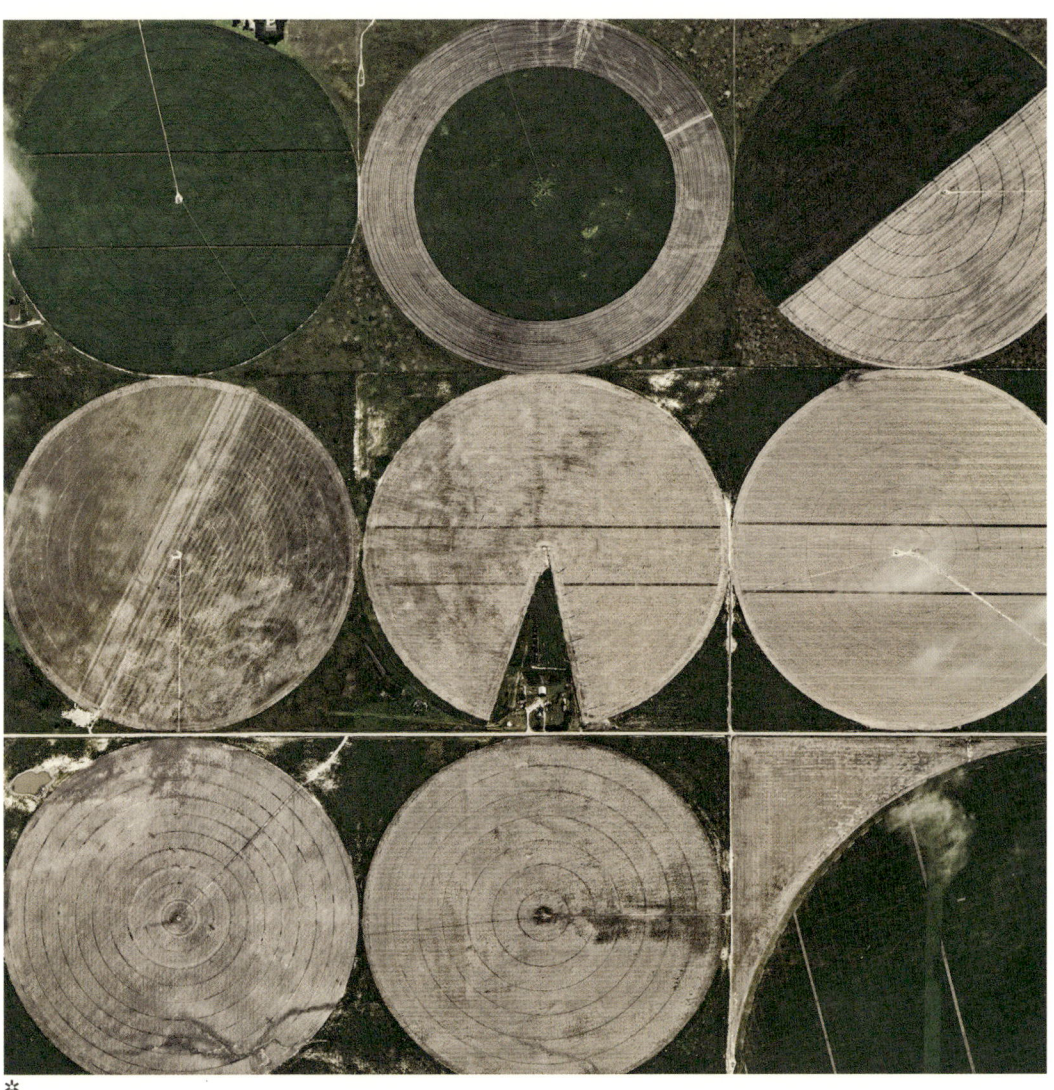

✱
Deer Drinking («Ciervo
bebiendo»), de Winslow
Homer (1892).

✱
AV_Central_Irrigation_008,
de Bernhard Lang (2015).

Agua   117

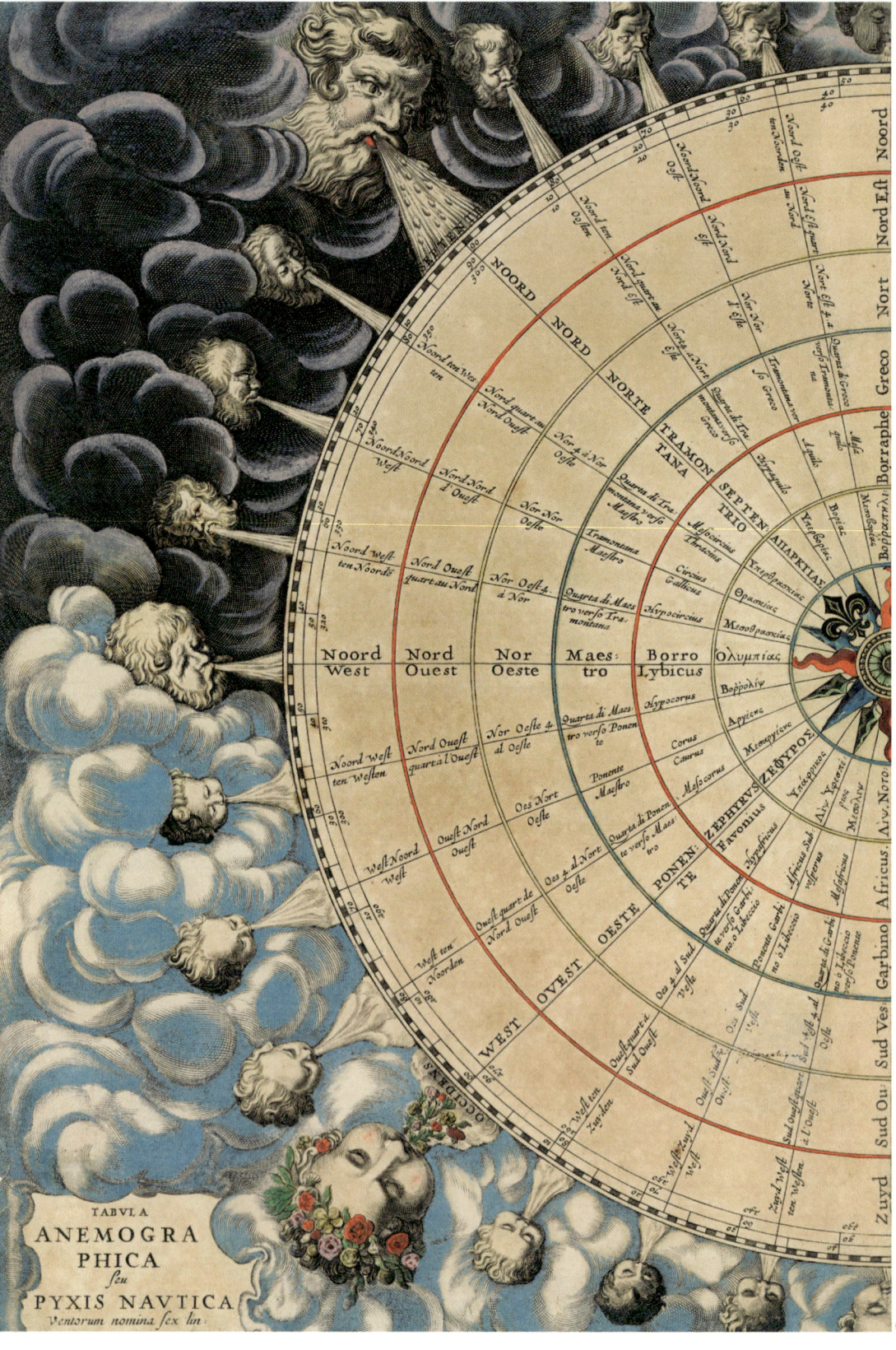

TABVLA
ANEMOGRA
PHICA
seu
PYXIS NAVTICA
Ventorum nomina sex lin.

3. Aire

*«Durante su agotadora odisea
por el mundo sin sendas
en tiempos prehistóricos,
[nuestros ancestros] contemplaban
con envidia a los pájaros que
surcaban libres el espacio,
a toda velocidad, sobrevolando
todos los obstáculos por la infinita
carretera del aire».**

---

*
Tabula Anemographica («Tabla
anemográfica» o mapa de los
vientos), de Jan Jansson (1652).

❊
Carta de Wilbur Wright al
Aéro-Club de Francia (París,
5 de noviembre de 1908).

En la filosofía china, el concepto del *qi* o *chi* es similar al del aire. El *qi*, «flujo de energía», «aire» o «aliento», es la fuerza vital que discurre en todas las cosas. En el budismo, el aire es *om* y ayuda a concentrarse en la meditación, mientras que en el hinduismo se llama *prana*: es el hálito que da la vida, asociado con el chakra del corazón, el *anahata* (palabra que significa «inexpugnable» o «indestructible»). El término griego *spiro* o «respiración» también alude a un viento tormentoso y a un medio para el movimiento. De acuerdo con Aristóteles, la humedad y el calor son las cualidades del aire y, en las esferas elementales, este se sitúa entre el fuego y el agua, siendo más puro que la tierra y el agua y menos que el fuego. Según la teoría de las correspondencias, el aire se relaciona con la primavera y con el humor sanguíneo, y su dios planetario es Zeus. La alquimia, por su parte, considera que el aire representa la mente y el alma de la humanidad. Es móvil, transparente, invisible (excepto cuando toma la apariencia de las nubes) y amorfo. En el aire, el vapor del aire dispersa la luz y produce el cielo azul y el arcoíris.

Según recoge Aecio, filósofo griego del siglo I, Anaximandro de Mileto (h. 611-h. 547 a. C.) afirmaba que los truenos, los relámpagos, los tifones y los vendavales se originaban en lo que él llamaba *pneuma*, palabra que alude tanto a la respiración como al viento, al espíritu y al aire en movimiento; no obstante, Anaximandro no consideraba que el aire fuera el elemento subyacente. Su discípulo Anaxímenes (h. 590-528/525 a. C.) fue un poco más lejos. De acuerdo con el filósofo Teofrasto (contemporáneo de Aristóteles), Anaxímenes creía que el aire era una sustancia ilimitada que envolvía la Tierra, y que, de hecho, era el elemento primordial. Había observado que el aire cambiaba: cuando se enrarecía se convertía en fuego y cuando se condensaba, en agua y nubes. Pensaba que, llevando más lejos la condensación, el aire era capaz de convertirse en tierra y piedra; en definitiva, podía transformarse en los demás elementos, de los que derivan todas las formas naturales. El aire también asimilaba cualidades como la humedad, el movimiento, el olor y el color. Anaxímenes consideraba que el aire era divino y trazó un paralelismo entre la forma en que este opera en el mundo físico y el comportamiento del alma humana, compuesta de aire, dentro del cuerpo.

El aire se caracteriza principalmente por el viento. En la mitología nórdica, Thor es el dios del aire, el viento, la lluvia, el trueno, el relámpago y las cosechas. En los mitos hindúes, Rudra es el dios de las tormentas y padre de un grupo de deidades relacionadas con las tempestades: los Rudras, que suelen retratarse en toda su fiereza y poder devastador. Según las creencias yorubas, el *orisha* (espíritu) Sàngó

✳

Crow in Flight («Cuervo en pleno vuelo»),
de Eadweard Muybridge (1887).

es el dios del trueno y el relámpago, temido
por su capacidad destructiva y venerado por
su valentía. Zeus es el dios del cielo en la
mitología griega: *La Odisea*, de Homero, lo
menciona como «el recolector de nubes».
Zeus crea el tiempo, el trueno, los relámpagos
y los temporales; también envía señales a los
humanos disponiendo el arcoíris entre las
nubes. El panteón griego incluye a varios dioses
del viento: Bóreas personifica el viento del
norte y Céfiros, el viento del oeste. Las cartas
de navegación más antiguas del Mediterráneo
identifican los vientos con sus nombres griegos
y el punto de la brújula desde el que soplan.

El mito nórdico de la creación narra que
las nubes son los pensamientos del primer
ser vivo, un *jotunn* (gigante) llamado Ymir.
Los griegos creían que los dioses moraban
en las nubes. Sin embargo, en su descripción
del ciclo del agua, Tales de Mileto estableció
que esta se evapora desde la superficie terrestre
y, a medida que se eleva, se condensa formando
las nubes. El dramaturgo griego Aristófanes, en
su comedia *Las nubes* (estrenada en 423 a. C.),
pregunta: «¿Acaso has visto llover sin que
hubiera nubes en el cielo?».

En el *Meghadūta* (*La nube mensajera*), poema
en sánscrito escrito por Kalidasa en el siglo v,
un *yaksha* (espíritu de la naturaleza) desterrado a
la cima de una montaña lamenta estar separado
de su esposa. Al aparecer una nube, el espíritu
le pide que lleve un mensaje a su amada en
la lejana ciudad de Alaka, y le recomienda que
beba agua del río, para producir relámpagos
que iluminen su camino y para ganar peso y
evitar que el viento la arrastre a otros destinos.

Desde la Antigüedad, el hombre ha soñado
con conquistar el aire. La idea de construir
unas alas para emular a los pájaros aparece por

primera vez en la leyenda griega de Dédalo
y su hijo Ícaro. Para escapar de la isla de Creta,
donde el rey Minos los tiene confinados,
Dédalo construye dos pares de alas con
plumas y cera. Al surcar el aire, Ícaro se acerca
demasiado al sol, la cera se derrite, las alas
se quiebran y cae al mar. En el siglo v a. C.,
aparecen en China las primeras cometas,
ingenios de bambú y seda diseñados para
parecer pájaros o criaturas míticas. Es allí
donde, en el siglo vi, se documenta el uso
de cometas con fines civiles y militares, así
como para imponer castigos. El polímata
renacentista Leonardo da Vinci (1452-1519)
elaboró más de 500 esquemas y documentos
relacionados con la naturaleza del aire, el
vuelo de los pájaros y las máquinas voladoras.
Llegó a proyectar un paracaídas, un ala delta
y un ornitóptero —gran plataforma capaz de
transportar a personas y que debía desplazarse
moviendo arriba y abajo unas grandes alas—.
Estos diseños nunca se probaron y el *Códice
sobre el vuelo de los pájaros* (1505-1506) no se
publicó hasta 1893.

✳

«Después, la emperatriz les preguntó qué tipo de sustancia o criatura era el aire. Algunos afirmaban que era agua que fluía en el aire, otros, que era aire movido por el resplandor de las estrellas».

Margaret Cavendish, duquesa de Newcastle, *The Description of a New World, Called The Blazing World* (*La descripción de un nuevo mundo, llamado El Mundo Resplandeciente*), de 1666

LA NIEBLA CARGADA DE POLUCIÓN ya era un problema ocasional en Londres en el siglo XIII y se agudizó a medida que la ciudad se expandía y aumentaba el uso del carbón. Las partículas liberadas por la combustión atrapaban el vapor de agua, asentando sobre la urbe una neblina contaminante. Desde finales del siglo XVIII, al dispararse la industrialización, creció la incidencia de esta niebla, que empezó a conocerse como *peasoup* («sopa de guisantes»). Su impacto en la salud se agravó tanto que, para principios del siglo XIX, muchas lápidas precisaban que la niebla había sido la causa de la muerte. La palabra *smog* aparece a principios del siglo XX para describir la mezcla de humo y neblina. En diciembre de 1952 se declaró en Londres una niebla catastrófica, que se prolongó durante cinco días debido a la presencia de un anticiclón. Este fenómeno (en el que los vientos giran alrededor de un centro de alta presión atmosférica) bloqueó el aire cargado de polución justo por encima de la superficie. Aquello no solo provocó graves problemas de visibilidad, sino que se dispararon los casos de neumonía y bronquitis. Cerca de 4000 personas murieron durante la Gran Niebla.

*

✱
Un hombre se agarra a un árbol durante el huracán Carol, en Brooklyn (Nueva York), el 31 de agosto de 1954 (fotografía).

✳
Julie Harrison, de la editorial Hulton Press, intenta protegerse de la niebla londinense con una mascarilla; fotografía de Carl Sutton (noviembre de 1953).

Aire   125

EN LA TRADICIÓN POLITEÍSTA, LOS DIOSES DEL TRUENO personifican
este fenómeno o son su fuente. El dios japonés Raijin es un demonio fiero
y poderoso, con un anillo de tambores orbitando a su alrededor. A veces
se le representa con tan solo tres dedos: el pasado, el presente y el futuro.
Raijin toca los tambores con grandes mazas para crear el sonido del trueno.
A menudo aparece acompañado de Fūjin, el dios del viento. De forma similar,
en la mitología china, el dios Lei Gong crea el trueno con un tambor
y un martillo; también porta un cincel, con el que castiga a los malvados.

✳ Máscara ceremonial *otobide*, que posiblemente representa al dios del trueno (Japón, siglo XIX o anterior).

✳ Escultura de Raijin, dios del trueno, los relámpagos y las tormentas (Japón, siglos XVII-XIX).

✳

ELEMENTOS

Alegoría del aire, de Jan Brueghel el Viejo (1611).

«Llegaba una tormenta de relámpagos desde el lugar donde se pone el sol.
[...] Alcé la mirada hacia las nubes: venían dos hombres,
volando cabeza abajo en picado como flechas; al acercarse,
entonaban un canto sagrado y los truenos retumbaban como los tambores».

Alce Negro, según recoge John G. Neihardt en *Black Elk Speaks:
Being the Life Story of a Holy Man of the Oglala Sioux* (*Alce Negro habla: Historia de un sioux*), de 1932

El Tonante, señor del cielo, en un tambor para la danza de los espíritus fabricado por George Beaver; cultura pawnee, Oklahoma (Estados Unidos), 1891-1892.

Grullas en pleno vuelo; detalle de un *furisode*, kimono de manga larga japonés (1910-1930).

✻

✻
Construcción del túnel de
viento de la presa de Fort Peck,
en Montana (Estados Unidos);
fotografía de Margaret
Bourke-White (1936).

✳
*Wind Fire, Thérèse Duncan on the
Acropolis* («Viento Fuego, Thérèse
Duncan en la Acrópolis»),
de Edward Steichen (1921).

«*Pues el aliento de la vida está en la luz del sol y la mano de la vida en el viento*».

Jalil Yibrán, «La vestimenta», *El profeta* (1923)

«Vástago del cielo; atravieso los poros del océano
y sus riberas; puedo cambiar, morir no puedo».

Percy Bysshe Shelley, «La nube», 1820

*

* *The Mouth of Krishna #212* («La boca de Krishna n.º 212»), de Albarrán Cabrera (2013).

* *Five Butterflies* («Cinco mariposas»), de Odilon Redon (1912).

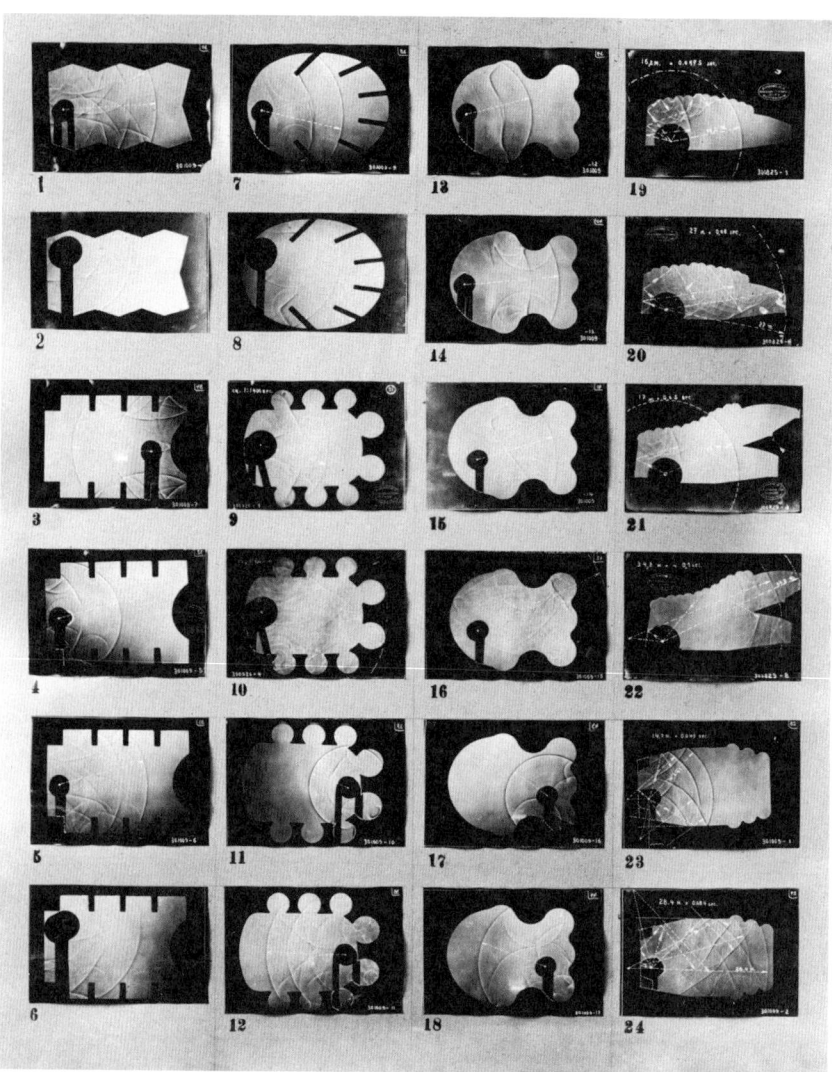

«Viento del cielo, sabio desorden,
Poderoso tumulto que allí camina [...],
Agitador del desarbolado, espumoso mar».

Dafydd ap Gwilym, «The Wind» («El viento»), siglo XIV

＊
Hoja de contacto de fotografías de
ondas ultrasónicas, realizadas por Franz
Max Osswald durante sus experimentos
en el Instituto de Acústica Aplicada de
la Escuela Politécnica Federal de Zúrich
(Suiza, h. 1930).

＊
Flying Spinnakers («Foques
voladores»), de Morris
Rosenfeld; estrecho de
Long Island, Estados Unidos;
impresión en gelatina de
plata (h. 1938).

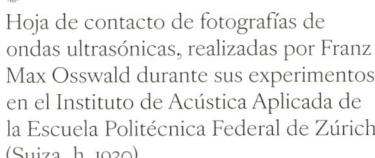
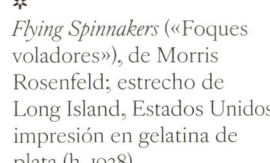

«*Pues nuestros ancestros han dado el nombre de "cielo",
a veces el de "aire", al espacio de apariencia vacía que
esparce a nuestro alrededor este espíritu vital*».

Plinio el Viejo, *Historia natural*, 77-79 d. C.

Aire

*

«¡Soplad, vientos, desencajaos! ¡Enfureceos, rugid!
Y vosotros, cataratas y huracanes, derramaos
Hasta anegar las torres y ahogar las veletas. [...]
Quebrad los moldes de la naturaleza, destruid la semilla
Que hace al hombre ingrato».

William Shakespeare, *El rey Lear*, Acto III, Escena II, versos I-II (1606)

✳

EL HOMBRE SUEÑA CON VOLAR desde que empezó a observar
a los pájaros. Así, los pioneros de la aviación intentaron imitar los
mecanismos de vuelo de las aves. Según la mitología griega, Dédalo
e Ícaro se ataron en los brazos grandes alas construidas con mimbre,
plumas, cuerda y un pegamento de miel de abejas. Con armazones
similares, los científicos medievales y de la Edad Moderna seguían
saltando desde lo alto de estructuras; estos experimentos solían terminar
con algunos huesos rotos... o algo peor. Tras estudiar el vuelo de los
pájaros, Leonardo da Vinci diseñó un ornitóptero. En 1871, en Francia,
Jobert construyó el primer ornitóptero capaz de volar, aunque no podía
transportar a ninguna persona. Este ingenio estaba dotado de una goma
elástica, que giraba la manivela de un cigüeñal. Los diseñadores actuales
de aeroplanos siguen inspirándose en los pájaros. Airbus incluso ha
presentado un avión conceptual bautizado con el nombre de Ave Rapaz.

«Modo de volar», de la serie
Disparates, de Francisco
de Goya (h. 1815-1816).

A Good Day for Cyclists («Un
buen día para los ciclistas»),
de Jeremy Deller; pintura
mural de Sarah Tynan (2013).

«*Ahora lo siento…*
Algo más poderoso que los vientos de tormenta».

Emperador Fushimi, «Pinos al atardecer», en *Fūgashū* («Colección elegante»), 1346

Raijin, dios del trueno, los relámpagos y las tormentas, y Fūjin, dios del viento; biombo de papel pintado por Kōrin Ogata (Japón, h. 1700); réplica del original homónimo de Tawaraya Sōtatsu (principios del siglo XVII).

EL *DUST BOWL* (literalmente, «cuenco de polvo») fue un fenómeno extremo que afectó a las Grandes Llanuras del suroeste de Estados Unidos durante la década de 1930, tras sufrir la región varios años de graves sequías. A partir de 1904, el Gobierno alentó a los colonos a asentarse en estas áreas semiáridas para cultivarlas; con la ayuda de cosechadoras, las tierras de pasto se araron en profundidad para reconvertirlas en terreno agrícola. En la década de 1930, los fuertes vientos que azotaban el territorio levantaron el suelo, reseco y suelto, y el polvo se elevó en densas nubes, que cubrieron las planicies. Resultaba imposible ver a más de un metro de distancia. Diecinueve estados acabaron sumergidos en un inmenso «cuenco de polvo». Ante la imposibilidad de volver a cultivar, decenas de miles de familias tuvieron que abandonar sus granjas y se vieron obligadas a sobrevivir como mano de obra errante. La región acabó recuperándose mediante la creación de cortavientos con plantaciones de árboles.

✳

✳
Un granjero y sus hijos en plena
tormenta de polvo, en el condado
de Cimarrón (Estados Unidos);
fotografía de Arthur Rothstein,
abril de 1936.

✳
Sandstorm over Pyramids («Tormenta
de arena sobre las pirámides»), de
Alfred G. Buckham; impresión en
gelatina de plata (década de 1920
o 1930).

«¿Quién ha visto al viento?
Ni tú ni yo;
Pero si los árboles se inclinan,
Verás al viento pasar».

Christina Rossetti, «¿Quién ha visto al viento?», en *Sing-Song:
A Nursery Rhyme Book* («Libro de canciones infantiles»), de 1872

Tigre en una tormenta tropical,
de Henri Rousseau (1891).

Le vent («El viento»),
de Félix Vallotton (1910).

«La gran nave apareció planeando con la luna creciente a la espalda, primero como un fantasma que llegara del norte, después como un fabuloso pez plateado nadando por el mar azul del cielo».

«Zep set to hop from L.A.; flies over city tonight» («El Zeppelin, listo para despegar de Los Ángeles; sobrevolará la ciudad esta noche»), *Los Angeles Evening Express,* 26 de agosto de 1929

✳

ELEMENTOS

A Sudden Gust of Wind (after Hokusai) («Una súbita racha de viento (al modo de Hokusai»), de Jeff Wall (1993).

*

Breath/ng («Resp/rar»), de Kengo
Kuma y Associates; instalación
neutralizadora de la contaminación
ambiental (2018).

*

Globos aerostáticos en el Grand Palais
de París (Francia); placa autocroma de
Léon Gimpel (1909).

*

✻

EL PRIMER GLOBO AEROSTÁTICO fue desarrollado en Francia por los
hermanos Joseph y Étienne Montgolfier. El 4 de junio de 1783, ante
los dignatarios reunidos en Annonay, liberaron un globo de lino de
790 metros cúbicos, que se elevó sobre una hoguera alimentada con
lana y paja humedecidas. El ingenio voló durante unos diez minutos.
Más adelante, en colaboración con el fabricante de papel Jean-Baptiste
Réveillon, construyeron un globo más grande, capaz de elevar una cesta
con un pasajero a bordo. El 15 de octubre de 1783, Étienne Montgolfier
fue la primera persona en elevarse por los aires, durante el vuelo
de prueba con anclaje realizado en el taller de Réveillon.

Ilustración de los cuatro vientos, en
Bellifortis («Fortificaciones de guerra»),
de Konrad Kyeser (1400-1450).

La nube roja, de Piet Mondrian
(1907).

«*La oscuridad se abatió desde el cielo. El Viento del Este y el Viento del Sur chocaron con el tempestuoso Viento del Oeste, y desde lo más alto del cielo llegó el Viento del Norte levantando una inmensa ola*».

Homero, *La Odisea*, h. 725-675 a. C.

＊

Vendedora de globos, de
Serge de Sazo; fotografía
(probablemente, principios
de la década de 1960).

✳

«Arethusa», en *Ars algebra et analytica
ac alma cabula* («El arte del álgebra
y el análisis que alimenta la cábala»,
libro de alquimia cabalística), de
Jodocus Müller (finales del siglo XVII).

✻

✳

«*La inmunda contaminación*
engendra monstruos».

Eslogan de *Godzilla contra Hedorah*, 1971

✳ Fotograma de *Godzilla contra Hedorah* o *Hedora, la burbuja tóxica* (1971)

✳ *Equivalent, A3 of Series A1* («Equivalente, A3 de la serie A1»), de Alfred Stieglitz; impresión en gelatina de plata (1926).

✳

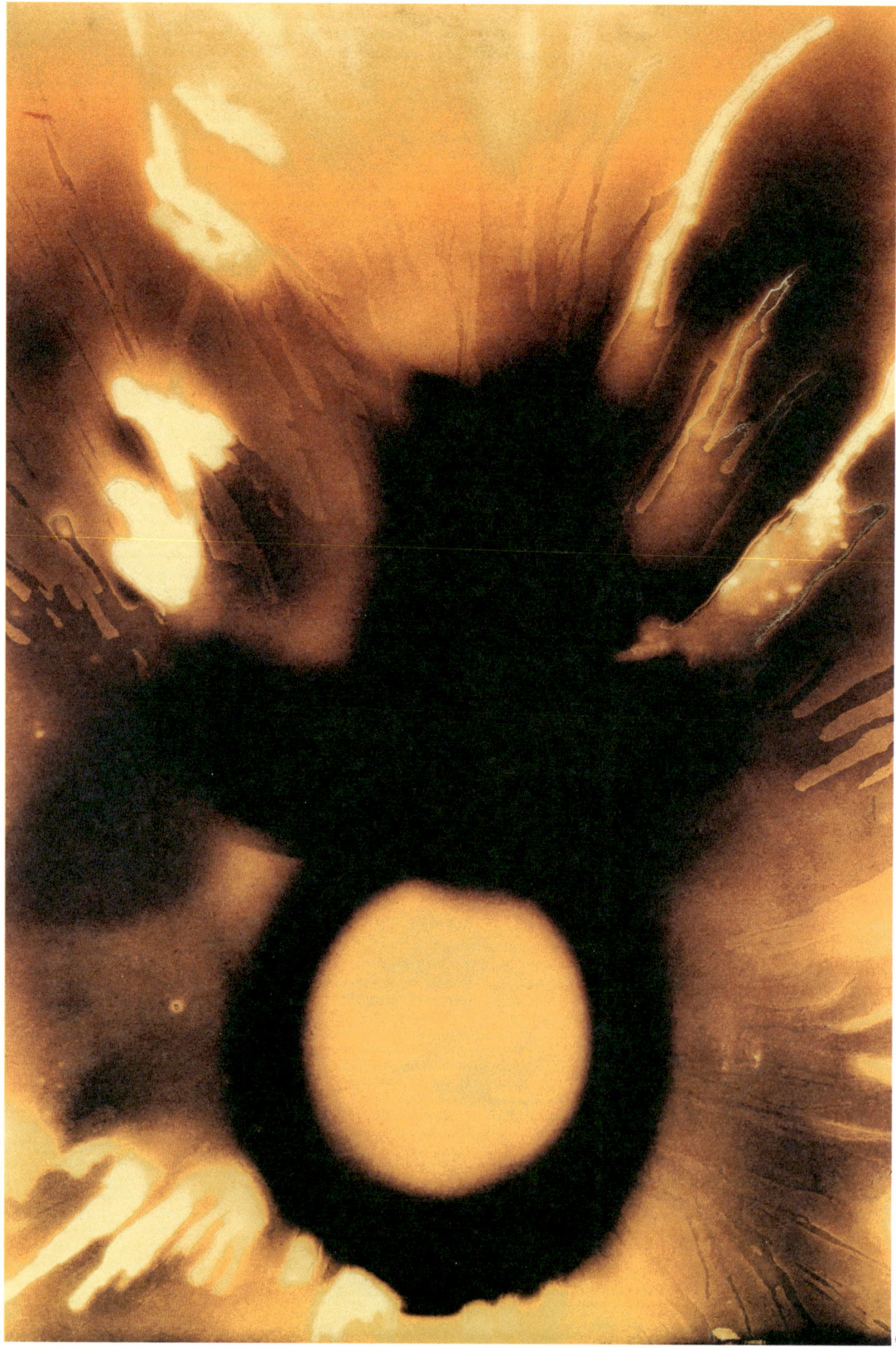

4. Fuego

«El fuego es el símbolo natural de la vida y la pasión y, sin embargo, es el elemento en el que nada puede vivir. Su actividad y resplandor, el calor que emite y su color lo convierten en el símbolo irresistible de todo lo que vive, siente y permanece activo».⁕

※ *Fire, F67* («Fuego, F67»), de Yves Klein; papel carbonizado sobre tabla (1962).

⁕ Susanne K. Langer, *Nueva clave de la filosofía: Un estudio acerca del simbolismo de la razón, del rito y del arte* (1942).

El dragón de humo escapando del monte Fuji,
de Katsushika Hokusai (1849).

Destructor y creador de vida a partes iguales, el fuego ha aterrorizado y sustentado a la humanidad desde tiempos remotos. En el siglo VI a. C., el filósofo griego Heráclito de Éfeso aseguraba que era el elemento original, del que se derivan todos los demás. En su opinión, en el universo todo cambia y adopta otras formas. En *Sobre la naturaleza*, teorizó que el fuego se metamorfosea en agua (la lluvia) y esta a su vez en tierra, y que volúmenes equivalentes de tierra y agua se transforman el fuego en un ciclo infinito. Mantenía que existe un flujo constante entre los elementos opuestos y que garantizar el equilibrio es crucial.

Mitologías de todo el mundo recogen el doble carácter devastador y vivificador de las llamas. Kagutsuchi era el dios sintoísta del fuego, también conocido como Homusubi, «aquel que inicia fuegos». De acuerdo con dos textos del siglo VIII, *Kojiki* («Registro de cosas antiguas») y *Nihon Shoki* («Crónica de Japón»), Kagutsuchi es engendrado por dos deidades creadoras, pero emite un calor tan poderoso que mata a su madre en el parto. Horrorizado, su padre lo decapita y de la sangre que mana nacen nuevos dioses. En otra versión de la historia, lo trocea en ocho pedazos y los dispersa por todo el territorio: en aquellos ocho puntos aparecen los volcanes más grandes de Japón. En este país, donde los edificios se construían con madera y papel, las llamas eran una amenaza constante y, en tiempos antiguos, se celebraba cada seis meses la ceremonia conocida como «Ho-shizume-no-matsuri», destinada a aplacar a Kagutsuchi y evitar tales siniestros. El dios griego del fuego y la fragua es Hefesto, quien forja las armas de los dioses. Su homólogo romano, Vulcano, se relaciona de forma más estrecha con el carácter destructivo del fuego: sus seguidores le rezaban para prevenir los incendios.

El robo del fuego, a menudo en beneficio de los hombres, es un tema habitual en las mitologías antiguas. El titán griego Prometeo lo roba de la fragua del Olimpo para entregárselo a los humanos, para que puedan cocinar y calentarse. Ogun, el dios del fuego de los yorubas de África occidental, es el patrón de los herreros, del hierro y de las armas, venerado por compartir su saber y sus metales con los hombres, para que pudieran fabricar herramientas con las que cortar madera y cazar animales. En las leyendas maoríes, el taimado héroe Māui logra bajar al inframundo y convence al dios del fuego, Mauike, de que le enseñe a encender uno. Pero entonces estalla

un incendio: las llamas se propagan por el
inframundo y alcanzan el mundo terrestre,
donde el hombre aprende a usarlo para cocinar.
Finalmente, Māui regresa a casa para transmitir
su conocimiento a los demás.

El culto al fuego es esencial en algunas
religiones. De acuerdo con el *Rig Veda*, una
colección de textos hindúes de 2000-1700 a. C.,
el período mitológico más primitivo estuvo
dominado por Agni, dios del fuego, y Varuna,
dios del cielo. Agni personifica el fuego
ceremonial y transmite los mensajes y plegarias
que los humanos envían a sus deidades
mediante el humo que emana de las piras
funerarias y demás hogueras rituales. Agni se
representa con dos caras, varias lenguas, siete
brazos y tres piernas, y de su cabeza manan
lenguas de fuego. Los fieles del dios hindú
Brahman todavía honran a Agni preservando
una llama que nunca se apaga en el corazón
de sus hogares. El fuego también es la base del
zoroastrismo iraní: según este culto, el cielo
se lo regaló al hombre y representa la luz de
la sabiduría que destierra la oscura ignorancia.
En los templos zoroástricos, los sacerdotes
protegen un fuego sagrado, que alimentan
todos los días con madera de sándalo. Asimismo,
en sus chimeneas y hogares, los zoroástricos
mantienen una llama encendida durante toda
la vida del cabeza de familia.

En los rituales sintoístas se utiliza un fuego
purificador llamado *kiribi*, que tradicionalmente
se alumbraba frotando palos de madera de
hinoki («ciprés»). En el hinduismo, el jainismo
y el budismo, se celebra el *homa*, una ceremonia
de ofrenda de comida al fuego. La hoguera se
enciende en un pozo cuadrado o altar llamado
kunda, cuyos lados se orientan hacia los cuatro
puntos cardinales, y los creyentes lanzan a las

*

llamas hierbas, semillas e incienso mientras
repiten mantras sagrados. El ritual honra
eventos importantes, como los nacimientos,
las muertes o los casamientos.

En la teoría platónica, el sólido que
corresponde al fuego es el tetraedro, y presenta
cuatro caras triangulares y aristas y vértices
agudos. Las cualidades aristotélicas de este
elemento son el calor y la sequedad, y su
estación, el verano. El médico grecorromano
Galeno asociaba el fuego al humor colérico,
impaciente y temperamental. También se
relaciona con el chakra del plexo solar o *manipura*
(«ciudad de las gemas») y representa el poder
personal. En el culto *wicca*, el fuego es energía
masculina purificadora, capaz de crear o
destruir, de sanar o de dañar. Para la alquimia,
es un medio de conversión y el primer paso a
la hora de transmutar los materiales básicos en
otros más puros. Todo lo que entra en contacto
con el fuego cambia, para bien o para mal.

«*Mazmorra horrenda lo circunda,
Inmenso horno cuyas llamas sin luz
tan solo visible oscuridad despiden*».

John Milton, *El paraíso perdido*, Canto Primero (1674)

❋

❋ *Vesuvius* («Vesubio»),
de Andy Warhol (1985).

✻ *El Fuego*, de José Clemente
Orozco (1938).

❋

LOS GRANDES INCENDIOS de Edo, llamados *edo no hana* o «flores de Edo», fueron muy habituales en la ciudad japonesa (la actual Tokio) entre 1603 y 1868. Debido a la angostura de las calles, la densidad de población y la preponderancia de edificios de madera, el fuego era un peligro constante, y sofocarlo, una tarea comunitaria. Por toda la urbe existían torres de vigilancia y brigadas de bomberos formadas por vecinos; en las tiendas siempre había cubos de agua a modo de prevención. Las cuadrillas de *hikeshi*, hombres respetados pero broncos, y a menudo muy tatuados, aparecen en las xilografías conocidas como *ukiyo-e*. Estos bomberos se protegían con gruesos guantes de algodón y con chaquetas acolchadas de elaborados ornamentos, que empapaban en agua. Su tarea no consistía en apagar las llamas, sino en derribar los edificios adyacentes al foco.

El demonio, tras secuestrar a una bruja, galopa sobre el fuego; ilustración de la colección de imaginería popular de Johann Jacob Wick (Zúrich, Suiza, 1560-1561)

«Enchû no tsuki» («Luna y humo»), estampa número 68 de *Tsuki hyakushi* (*Cien aspectos de la luna*), de Tsukioka Yoshitoshi (1885-1892).

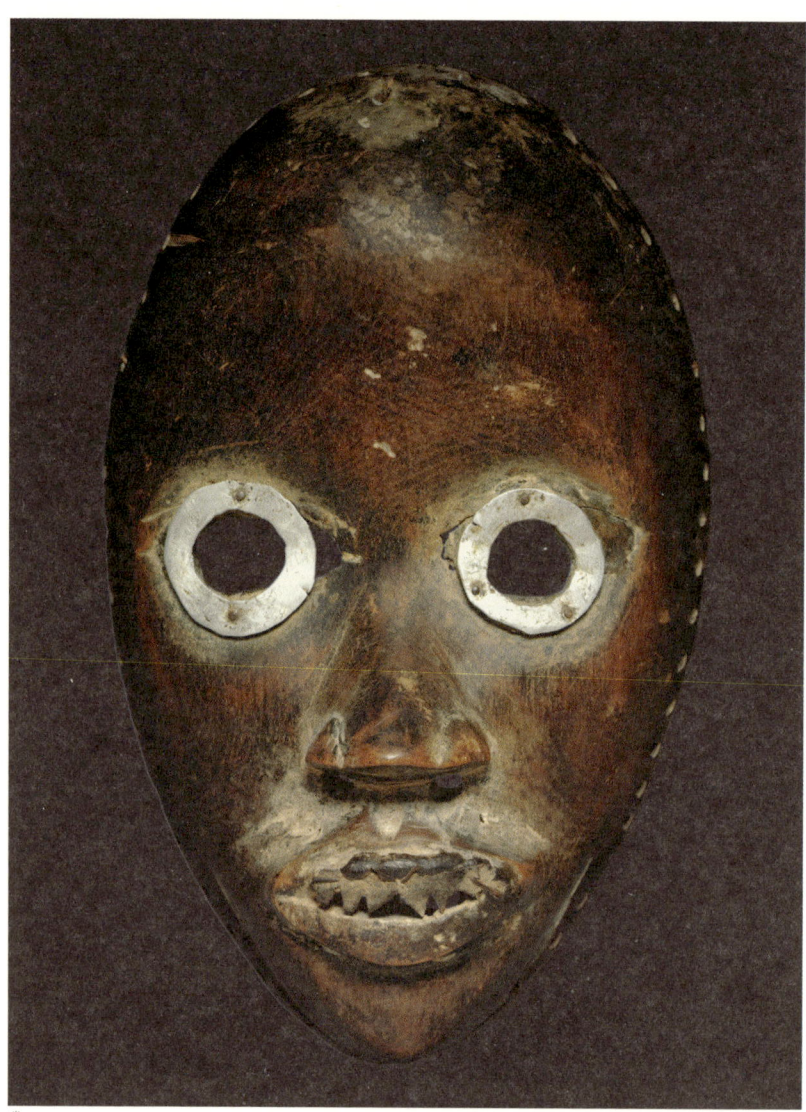

LAS MÁSCARAS SON UNA IMPORTANTE MANIFESTACIÓN ARTÍSTICA
de los dan, pueblo que habita en Costa de Marfil y Liberia (África). Estas
máscaras, llamadas *gle* o *ge*, representan a los espíritus sobrenaturales de
las profundidades del bosque. La naturaleza y propósito de cada espíritu
son revelados en sueños a un miembro iniciado de los dan, tras lo que
se elabora la máscara y traje apropiados para que dicho hombre los porte
en los bailes ceremoniales. Las máscaras sagradas se dividen en cuatro
categorías: *gore* o de los ancestros, *gesua* o vengadoras, miniaturas y *sagbwe*,
estas últimas reservadas a los corredores y los guardianes del fuego.

❊

Máscara de estilo dan, que
posiblemente perteneció
a un guardián del fuego
de Costa de Marfil o Liberia
(principios del siglo XX).

✳

Fotografía de los campos
petrolíferos de Al Ahmadi
(Kuwait), de Steve McCurry
(1991).

✳

PLATE 1.

THE SUN.

EL FILÓSOFO GRIEGO ANAXÁGORAS (h. 500-h. 428 a. C.) fue uno de los primeros en plantear una teoría racional y científica para explicar la naturaleza del Sol, la Luna y los planetas. Frente a los mitos reinantes, que establecían que el Sol no era otro que el dios Helios guiando su carro por el firmamento, Anaxágoras propuso que se trataba de un cuerpo sólido, formado por «piedra incandescente» que emitía luz y calor. Más adelante, desarrolló explicaciones científicas para los eclipses y sugirió que la Luna se componía de «tierra» y no emitía luz por sí misma, sino que reflejaba la luz del sol. Anaxágoras sentó las bases del análisis científico del cosmos, pero desafiar las creencias establecidas le granjeó una condena por impiedad y la cárcel. Aunque se exponía a la pena de muerte, finalmente fue desterrado de Atenas.

＊

Green Mountain («Montaña verde»),
de Akio Takamori (2015).

✽

Ilustración de la traducción al persa de
Ayaib al Majluqat wa Garaib al Mowyudat
(«Las maravillas de la creación», también
llamada «Cosmografía») de Zakariya
al Qazviní; compilada por Shūmā (1632).

«*Pronto se extinguirá esta ardiente pena. Ascenderé triunfante a mi pira funeraria y me regocijaré en el tormento de las llamas. El resplandor se desvanecerá; los vientos esparcirán mis cenizas al mar*».

Mary Shelley, *Frankenstein o el moderno Prometeo* (1818)

✳

Los descansa sobre su martillo, en *El cantar de Los*, de William Blake (1795).

Fire Man («Bombero»), de Kimbei Kusakabe; copia a la albúmina coloreada a mano (Japón, 1870-1890).

*

«El esforzado herrero con su ferviente llama
Pronto el más tenaz hierro malea;
Con golpes del pesado mazo lo aplaca
Y transforma en aquello que desea».

Edmund Spenser, «Soneto XXXI», en *Amoretti* (1595)

«*Zeus tonante, aguijoneado el espíritu y herido el corazón, se enfureció al distinguir entre los hombres la lejana llama del fuego*».

Hesíodo, *Teogonía*, h. 730-700 a. C.

*

Katen (dios del fuego), de la serie de
tapices de seda dedicados a los doce
deva o deidades (Kioto, Japón, 1127).

*

Prometeo, de Pedro Pablo Rubens (1636).

«Un sirio llamado Euno [...] incitó a los esclavos
a levantarse en armas y reclamar su libertad. [...]
A fin de demostrar que actuaba por mandato divino,
se escondió en la boca una cáscara de nuez llena
de azufre y brasas. Así, inspirando con suavidad,
exhalaba fuego al hablar».

Lucio Anneo Floro, *Compendio de las hazañas romanas*,
Libro III, Capítulo XIX (h. siglo I d. C.)

*

✸
París, Francia, 1967, de Joel Meyerowitz;
impresión por transferencia de tinte (1983).

✻
Birkenhead, de Nick Wynne (1989).

Ilustraciones de un catálogo japonés
de fuegos artificiales (h. década de 1880).

Mujeres encendiendo fuegos artificiales
durante el festival del Diwali, en Rajastán
(India, siglo XVIII).

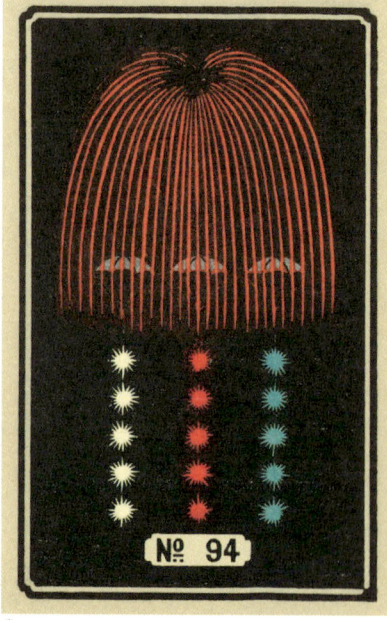

*

«*Al borde de la veranda
modestos cohetes
en la noche*».

Issa Kobayashi (1763-1828)

※
Un edificio en llamas en Kankakee,
Illinois (Estados Unidos),
de Charles Knowlton; copia a la
albúmina (1 de mayo de 1887).

✳
Brigada de bomberos en Estambul
(Turquía); copia a la albúmina (1850-1890).

*

«No, no, debo vivir donde no haya incendios ni alarmas nocturnas. [...] El que no tenga nada más que tejas para protegerse de la lluvia será solo el último en arder».

Juvenal, «Las molestias de Roma»,
en *Sátiras* (finales del siglo I-principios del siglo II)

*

«Han atravesado el fuego,
y el fuego templa lo que no destruye».

Oscar Wilde, *El retrato de Dorian Gray* (1890)

«*El impacto de un solo rayo de luz de una estrella distante en el ojo de un tirano de tiempos remotos bien pudo alterar el curso de su vida [...] y transformar la superficie del globo; así de intrincados e increíblemente complejos son los procesos de la naturaleza*».

Nikola Tesla, *Light and Other High Frequency Phenomena*
(«La luz y otros fenómenos de alta frecuencia»), 1893

*

✳

Un ave fénix, en el bestiario
iluminado de Hugo de Fouilloy
(Francia, h. 1270).

✳

Dark Water, Burning World («Aguas
oscuras, mundo en llamas»), de Issam
Kourbaj; guardabarros de bicicleta
reutilizado (de acero), cerillas y resina
transparente (2016).

«*El humo vela el aire, como las almas*
suspendidas sin rumbo, sordas
al insistente empeño de la guerra
de que hay que seguir adelante».

Jayne Anne Phillips, *Alondra y Termita* (2009)

✳

*«Gloria a aquel que, como el fuego y la luna,
es uno con la causa del universo; gloria al sol,
colmado de ardiente calor».*

Vishnu Purana, Libro III

✴ El espíritu de Marte
(China, h. 1801-1850).

✳ Ilustración de ofrendas al
fuego en el *Bhagavata Purana*
«de Tula Ram» (h. 1720).

✳

El incendio del Parlamento, 16 de octubre de 1834, de Joseph Mallord William Turner (1835).

❋

Rabia, de Paulina Castro Valdez (2022).

✳

*

«*Debes prepararte para arder
en tu propia llama.
¿Cómo podrías renacer
sin quedar antes reducido a cenizas?*».

Friedrich Nietzsche, *Así habló Zaratustra* (1883)

❋

Volcano («Volcán»), de Lorna
Simpson; *collage* sobre papel
con fotografía encontrada (2023).

✱

Muerte y fuego, de Paul Klee; óleo
y engrudo sobre arpillera (1940).

«Polvo eres y al polvo retornarás,
Una pavesa en el barro palpitante».

Mary Coleridge, *Self-question* («Cuestionamiento»), 1892

*

«Vuestra fuerza y habilidad demostrad:
Armas para un héroe forjad,
De vuestra destreza haced alarde
Con todo el fuego que en vosotros arde».

Virgilio, *La Eneida*, Libro VIII, 19 a. C

ELEMENTOS

✻

❋ Quetzalpapálotl (dios del fuego);
incensario de Teotihuacán,
México (200-700).

✻ *La forja de Vulcano*, de
Giorgio Vasari (h. 1564).

✱

✱
Trabajadores agrícolas durante el incendio
de Woolsey, en Camarillo (California,
Estados Unidos); fotografía de Andy
Holzman (13 de noviembre de 2018).

✻
Forest Fire («Incendio forestal»),
de Alexis Rockman (2005).

LAS PLANTAS PIRÓFITAS han evolucionado con rasgos inusuales: resistir e incluso medrar en lugares propensos a los incendios. Algunas especies afrontan las llamas gracias al grosor particular de la corteza, la altura excepcional del tronco y el crecimiento subterráneo de los nuevos tallos. Otras, llamadas pirófilas, dependen del fuego para preservar su ciclo vital. Por ejemplo, las semillas de los árboles serótinos se protegen con resina y solo se liberan cuando esta se funde en presencia de altas temperaturas. Asimismo, las semillas del eucalipto, protegidas por corteza, requieren un incendio para germinar, al tiempo que los suelos inflamables generados por esta especie propagan activamente las llamas.

*

5.   Éter

«El mundo está colmado de éter.
Se filtra en los intersticios de los átomos.
El éter está por todas partes.
¿Qué densidad tiene el éter?
¿Es fluido como el agua o rígido
como el acero? ¿A qué velocidad
se mueve nuestra Tierra cuando
*lo atraviesa?».**

✳

Le chant du Tambour
(«El canto del tambor»),
de Solange Knopf (2015).

✳

Sir Arthur Eddington,
Nuevos senderos de la ciencia
(1935).

✳

Prenda de estatus procedente de Kasai, en la actual
República Democrática del Congo (finales del siglo XIX).

De acuerdo con Aristóteles, el éter es el elemento del que están hechas las estrellas y demás cuerpos celestiales. Los hindúes lo llaman *akasha* o espíritu, la esencia de todas las cosas del mundo material; lo consideran el primer elemento, al que siguen el aire, el fuego, el agua y la tierra. Para los japoneses, es el vacío o cielo, mientras que los alquimistas medievales lo llaman *quinta essentia*, el quinto elemento lleno de luz que mantiene unidos a los otros cuatro. Esta quintaesencia es el fundamento más puro de una cosa. En el culto *wicca*, el éter es el puente entre los mundos físico y espiritual, mientras que en el microcosmos une cuerpo y alma. El sólido platónico asociado es el dodecaedro, cuyas doce caras representan las doce constelaciones. También se identifica con el chakra de la garganta, el purificador *vishuddha*.

En la mitología griega, Éter es un dios primordial y gobierna la luz y el cielo. En la *Teogonía* del griego Hesíodo (siglo VIII a. C.), Éter es hijo de Nix, diosa de la noche, y de Érebo, dios de la oscuridad; también es hermano de Hémera, diosa del día. Al ser una deidad primordial, no personificaba el éter, sino que se creía que era el aire puro de las alturas, respirado por los dioses en el Olimpo. Al caer la noche, Nix tendía una húmeda y oscura neblina que ocultaba a Éter; cada mañana, Hémera disolvía las brumas.

Los primeros filósofos griegos propusieron varias teorías para explicar el aspecto del cielo. Hacia 500 a. C., Heráclito describió los cuerpos celestiales como recipientes llenos de fuego orientados hacia la Tierra. El Sol era el más brillante, mientras que la Luna presentaba un lento movimiento giratorio, del que derivaban las fases lunares. En el siglo VI a. C., Pitágoras aceptó los cuatro elementos propuestos por Empédocles y añadió un quinto: un fuego muy puro, que «volaba» hacia las alturas siguiendo una órbita en espiral, para formar los cielos. Anaxágoras (h. 500-h. 428 a.C.) pensaba que los cuerpos celestiales eran piedras incandescentes, tan alejadas de la Tierra que su calor no podía sentirse.

Aristóteles dividió el universo en dos regiones: la terrenal, bajo la Luna, y la celestial, por encima del satélite y colmada de éter. Afirmó que el éter era eterno y divino, aunque de pureza variable: cuanto más cerca estaba del

reino sublunar y los cuatro elementos terrestres, menos límpido era. En cuanto al movimiento de los astros, defendió que planetas y estrellas estaban fijados a esferas individuales y que eran estas las que rotaban, llevándolos con ellas. También propuso que las estrellas parpadeaban en la noche debido a las deficiencias de la vista humana, incapaz de percibir objetos tan lejanos.

En el siglo XVII, el filósofo francés René Descartes (1596-1650) recurrió a la palabra «éter» para describir el espacio y teorizó que, en dicho espacio, unos torbellinos de corrientes agrupaban las partículas para formar la materia y esculpir los objetos sólidos. Más tarde, este término se usó para describir la sustancia que supuestamente mantenía estrellas y planetas en su sitio. Al investigar la gravedad, el físico inglés Isaac Newton (1642-1727) propuso que un medio fuerte y elástico llenaba el espacio y se planteó la posibilidad de que se tratara de una fuerza viva.

Tanto Platón como Aristóteles pensaban que la inteligencia inmaterial nacía más allá de los dominios humanos. Aristóteles creía que las «inteligencias» movían los planetas en sus órbitas y que, más allá de la esfera de estrellas fijas, existía un reino insondable para el hombre. Buscando el eslabón en la cadena del ser entre Dios y los humanos, los neoplatónicos propusieron la existencia de mensajeros o ángeles, que actuaban como mediadores.

El teólogo italiano Santo Tomás de Aquino (h. 1225-1274) escribió profusamente sobre los ángeles en su *Summa contra gentiles*. Creía que eran espíritus puros y los dividió en tres órdenes: serafines, querubines y tronos eran los más cercanos a Dios; por debajo estaban dominaciones, virtudes y potestades; principados, arcángeles y ángeles integraban

✱

el orden más bajo y actuaban como mensajeros y protectores de los humanos.

Los intentos por desentrañar tan misterioso elemento perduraron hasta la Edad Moderna. La alienación nacida del urbanismo masivo y las grandes migraciones de finales del siglo XIX, junto con las inmensas pérdidas de vidas humanas en la guerra de Secesión estadounidense y la Primera Guerra Mundial, facilitaron la propagación de las creencias espiritistas y teosóficas. Eran muchos los que estaban dispuestos a creer que el espíritu de una persona no muere con ella y que los vivos pueden comunicarse con los espectros. La teosofía, que aunaba doctrinas del esoterismo, el budismo y el hinduismo, se basaba en la idea de que, bajo el mundo terrenal, subyace un mundo espiritual y que ciertos espectros pueden desplazarse entre ambas esferas. La mayor parte de estos guías espirituales han vivido vidas pasadas; otros son energía pura del reino cósmico.

✷

La danza de la polilla,
de Paul Klee (1923).

✳

Los peces noctámbulos,
de Max Ernst (1972).

✷

*

«*Todos moramos en una casa de una sola habitación:
el mundo con el firmamento por techo*».

John Muir, diario, entrada del 18 de julio de 1890

«*Podía invocar a los espíritus de los ancestros*
y su guía espiritual les daba forma utilizando
el ectoplasma que le emanaba de los ojos,
las orejas, la nariz y la boca».

John Maude (abogado de la acusación), *The Trial of Mrs Duncan*
(«El juicio de la Sra. Duncan»), 1945

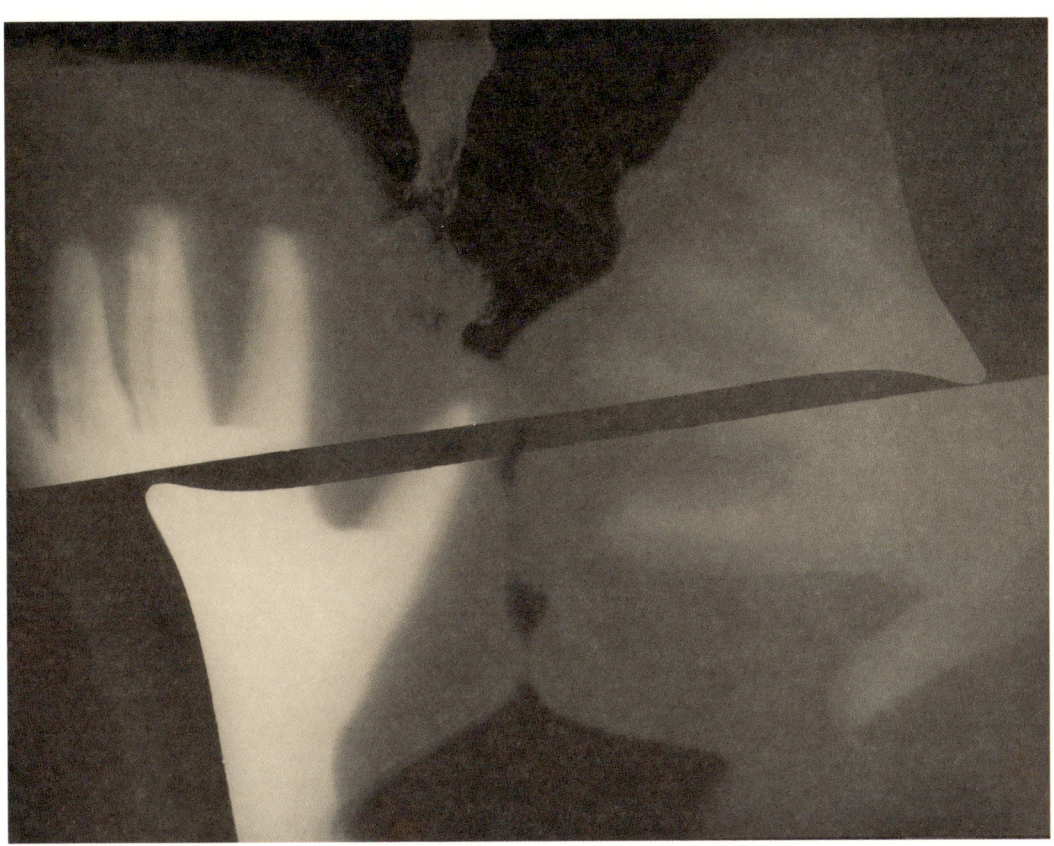

✻

✻
Stanislawa P. y ectoplasma,
durante una sesión de espiritismo
celebrada el 25 de enero de 1913;
fotografía de Albert von Schrenk-
Notzing.

✻
Rayografía (El beso), de Man Ray;
impresión en gelatina de plata
(1922).

* «La música de Gounod», en *Formas del pensamiento*, de Annie Besant y C. W. Leadbeater (1901).

* Imagen multilongitud de onda de la galaxia en espiral NGC 1300 (NASA).

ELEMENTOS

*

DE ACUERDO CON LAS CREENCIAS TEOSÓFICAS, LAS FORMAS DEL
pensamiento son manifestaciones energéticas del pensamiento humano
que el cuerpo emite en el plano astral y que solo perciben las personas dotadas
de clarividencia. Tras la muerte, en 1891, de la fundadora de la teosofía, Helena
Blavatsky, otros dos líderes del movimiento, Annie Besant y Charles Webster
Leadbeater, coescribieron una serie de libros sobre esta doctrina. Uno de ellos
es *Thought Forms: A Record of Clairvoyant Investigation* («Formas del pensamiento:
Registro de la investigación clarividente»), publicado en 1905. De acuerdo con
Besant y Leadbeater, el color, la forma y el contorno de las distintas manifestaciones
del pensamiento humano varían según las cualidades de este último y afectan
a las emociones, la salud y las relaciones, poniendo así de manifiesto nuestra
conexión con el prójimo, con el mundo espiritual y con el universo.

Radiografía digital de
una talla de madera
del arcángel Miguel
(1511-1550), Finlandia.

✳
Disco musical grabado
en una radiografía,
Hungría (década de 1930).

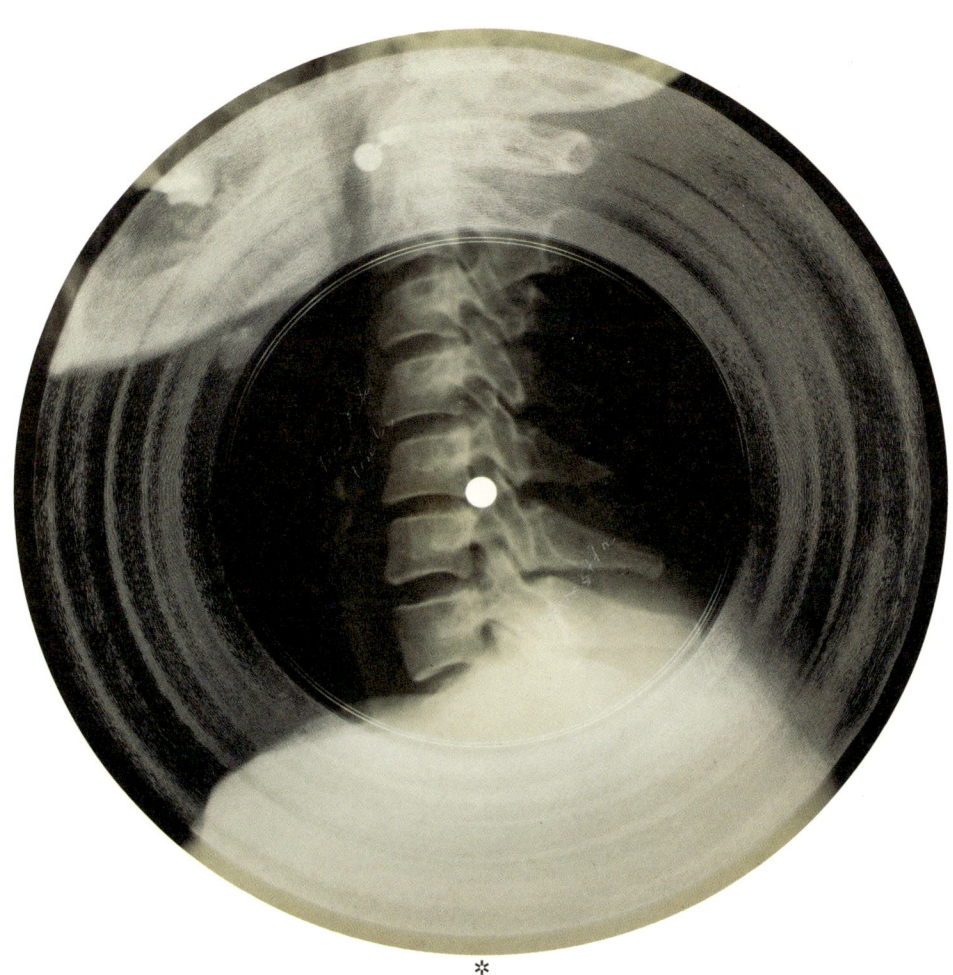

*

EN LA RUSIA SOVIÉTICA, durante la Guerra Fría (1947-1991), la música occidental, así como toda aquella considerada subversiva, fue prohibida por el Estado. Surgieron entonces grupos clandestinos que, en su empeño por difundir la música censurada, improvisaron todo tipo de soportes y equipamientos. Por ejemplo, grabaron ediciones piratas en viejas radiografías que robaban en los hospitales; el resultado era un disco flexible que podía escucharse en un gramófono normal. Dado que la imagen de la radiografía se conservaba, estos discos se conocían como «música de huesos». Los estilos ilegalizados difundidos de esta forma incluían el jazz y el rock and roll occidentales, las grabaciones de los exiliados rusos, la música tradicional gitana y la que idealizara la delincuencia.

«*Todo lo que tiene forma, todo lo que resulta de una combinación, evoluciona a partir de este* akasha. *[...] El* akasha *se convierte en el Sol, la Tierra, la Luna, las estrellas, los cometas*».

Swami Vivekananda, *Raja Yoga* (1896)

*

*
Markandeia descubre a Krishna en el
océano cósmico; pintura procedente
de Basholi, en Jammu y Cachemira,
India (h. 1680).

*
Tjatjati, de Miriam Baadjo (2020).

«El mundo de los espíritus a este mundo de los sentidos
Siempre como una atmósfera abraza y por doquier,
entre neblinas terrenas y vapores tupidos,
Su más etéreo aliento de vida exhala».

Henry Wadsworth Longfellow, «Casas encantadas» (1858)

✳
Fotografía de unas
descargas eléctricas
obtenidas entre dos
monedas mediante una
bobina de Ruhmkorff
o máquina de Wimshurst;
fotografía de Étienne
Léopold Trouvelot
(h. 1888).

✳
Fotografía de una
mujer sin identificar
rodeada de brazos
espectrales, de
William H. Mumler
(1869-1878).

✳

«*Y todos mis días son trances,*
Y todos mis sueños nocturnos
Acuden donde tus ojos grises miran,
Allí donde tus pasos brillan,
En las etéreas danzas,
Por las eternas corrientes».

Edgar Allan Poe, «A alguien en el paraíso» (1843)

✻

«*Posidonio define una estrella como un cuerpo divino
formado por fuego etéreo, espléndido y ardiente,
que se mueve incansable en círculos*».

Thomas Stanley, *The History of Philosophy* («Historia de la filosofía»), 1656

Luminous Planet («Planeta luminoso»),
de Madge Gill (h. 1940).

✳
«El Sol, constituido por espirales de
vapores metálicos y otros, y formando
el Centro director del gran torbellino
del Éter», ilustración en *Sur les tourbillons,
trombes, tempêtes et sphères tournantes* («Sobre
los torbellinos, trombas, tormentas y
esferas giratorias»), de Charles-Louis
Weyher (1889).

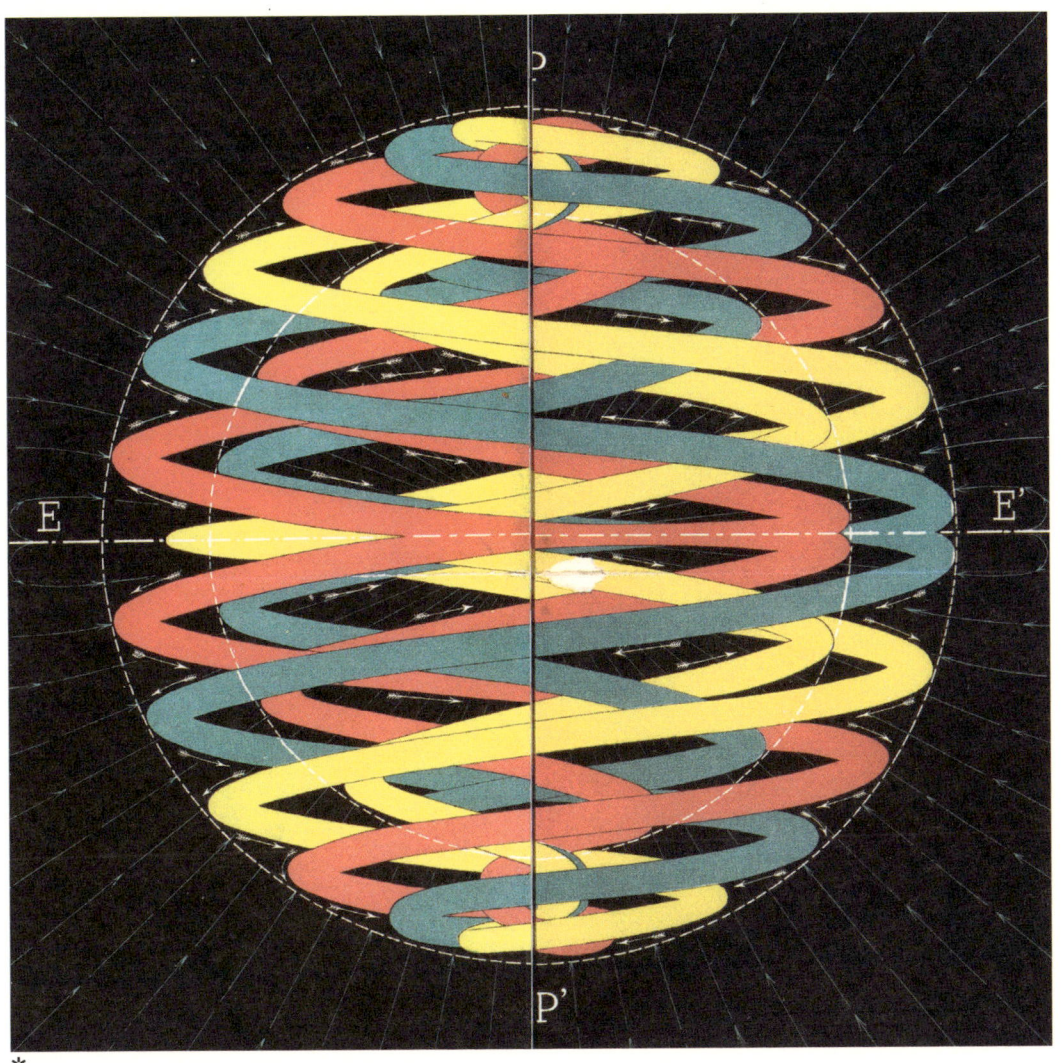

✳

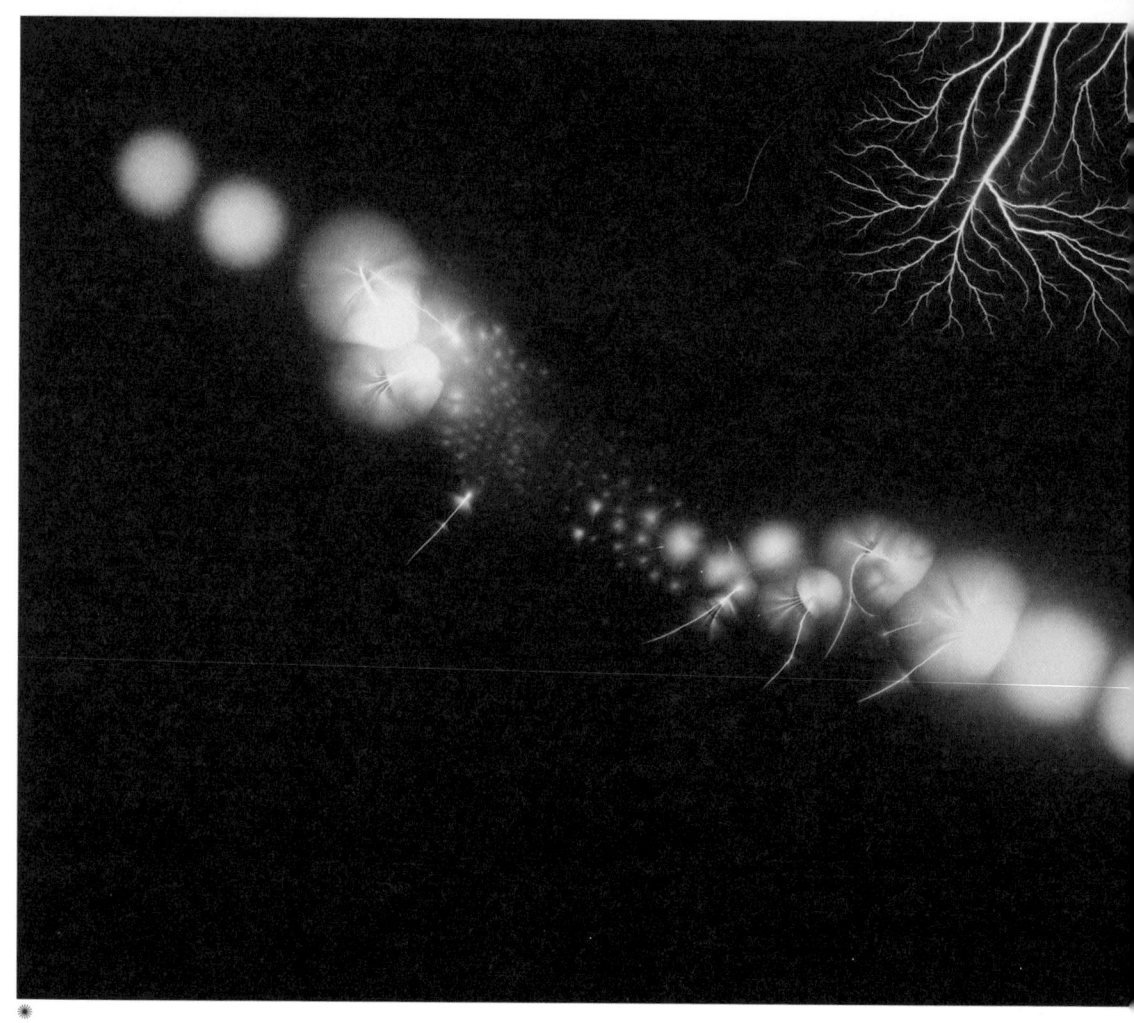

Lightning Fields Composed 004 («Campos de relámpagos 004»),
de Hiroshi Sugimoto (2008).

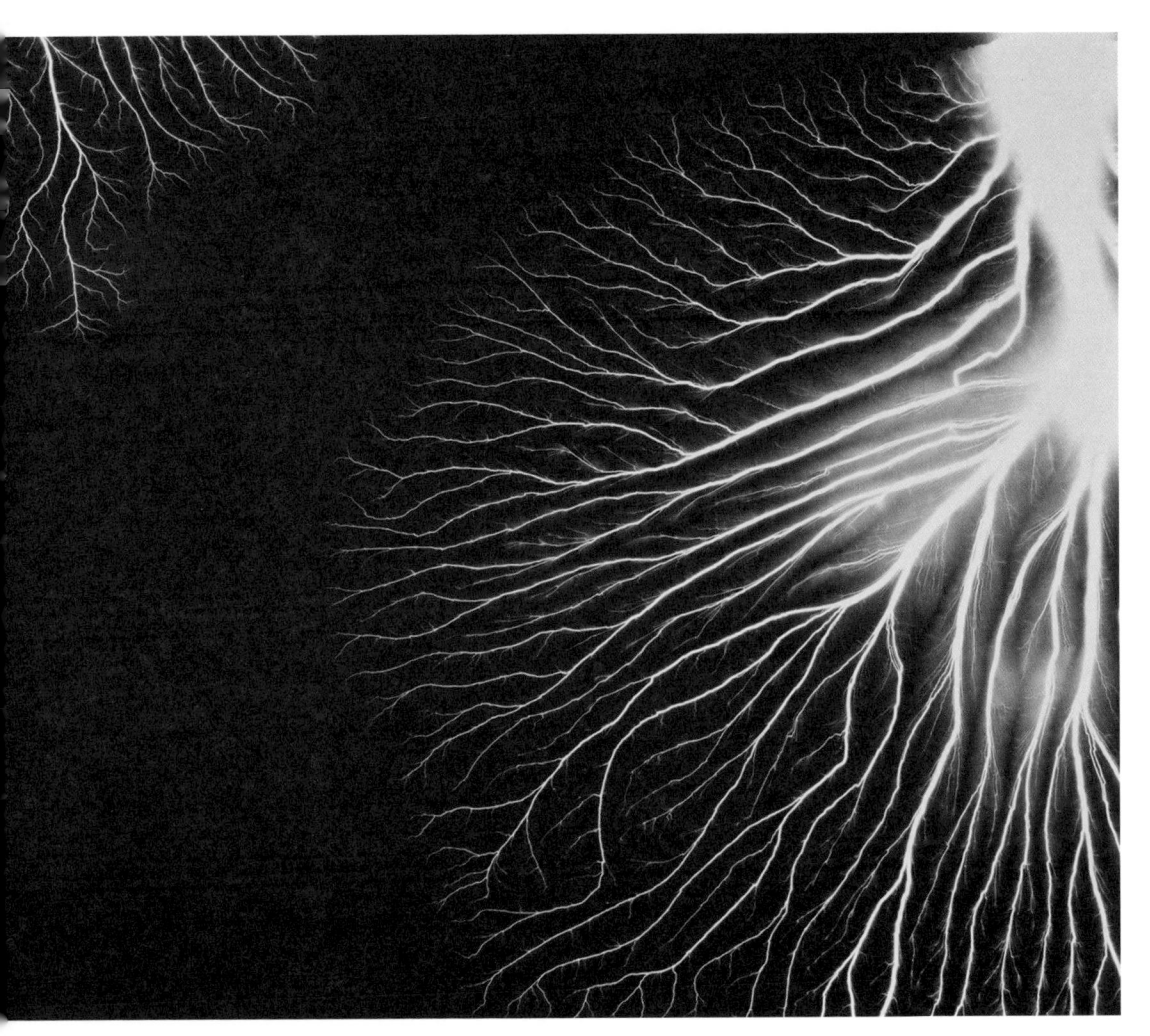

«*No hay espacio sin éter*
ni éter que no ocupe espacio».

Sir Arthur Eddington, *Nuevos senderos de la ciencia*, 1935

LA FOTOGRAFÍA KIRLIAN fue descubierta en 1939 por el inventor e investigador soviético Semión Kirlian (1898-1978) y su esposa, la profesora y periodista Valentina Kirlian (1904-1971). Ambos advirtieron que, cuando se trataba a algún paciente con una máquina de electroterapia, aparecía un halo entre la piel y los electrodos. Experimentaron colocando una película fotográfica sobre una placa de metal y, sobre la película, un objeto: cuando a este (por ejemplo, una hoja) se le aplicaba una corriente de alto voltaje durante un brevísimo período de tiempo, se obtenía una imagen del resplandor o un aura que aparecía precisamente alrededor de su contorno. Los Kirlian determinaron además que, al fotografiar una hoja a intervalos idénticos, el aura disminuía a medida que la hoja se marchitaba; por consiguiente, propusieron que este procedimiento podía indicar el estado de salud de una persona. En realidad, dicho halo es el resultado del llamado efecto corona, la descarga eléctrica causada por la ionización del fluido presente en el aire que rodea cualquier objeto con carga eléctrica. Al reducirse la presencia de agua en la hoja, el efecto corona mermaba a cada intervalo.

✳

✻
A Goodly Company
(«Espléndida compañía»),
de Ethel Le Rossignol (1933).

*

«La luz divina penetra nuestro universo [...]
¡Oh, Trina Luz, que en una sola estrella refulges
y los ojos colmas! ¡Míranos,
desciende sobre nuestra tempestad!

Dante Alighieri, «Paraíso», en *La divina comedia*, completada en 1321

ELEMENTOS

❋

Rayon («Rayón»), de Bensley
and Dipré (2021).

❋

Ilustración en «Paraíso», de
La divina comedia, de Dante
Alighieri (Canto XXXI, versos 1-3),
de Gustave Doré (1861).

❋

EL TELESCOPIO HUBBLE fue lanzado al espacio en 1990, más de cuarenta años después de su concepción. Diseñado por el pionero astrofísico Lyman Spitzer (1914-1997), el Hubble se alimenta mediante paneles solares y orbita alrededor de la Tierra fotografiando el universo y enviando a casa las imágenes que capta. Spitzer fue uno de los primeros científicos en proponer la construcción de un telescopio espacial para superar las limitaciones de los observatorios terrestres. En efecto, la atmósfera del planeta absorbe las luces ultravioleta e infrarroja, impidiendo que lleguen a los telescopios situados en la superficie; también causa un efecto «titilante» que afecta a la claridad de la imagen. El Hubble, por su parte, capta el cielo con una nitidez imposible de lograr por sus homólogos terrestres. Gracias a sus fotografías, nuestra comprensión sobre el origen del cosmos ha avanzado espectacularmente. En 2021 se puso en órbita un nuevo telescopio espacial, el James Webb, tan sensible que ahora podemos observar objetos tan antiguos, distantes e imprecisos que escapaban a los espejos del Hubble.

✳
Dark Heart («Corazón oscuro»),
de Conrad Shawcross (2007).

✳
El cúmulo globular de estrellas
denominado NGC 6652, en la
constelación de Sagitario de
la Vía Láctea. Imagen captada
por el telescopio Hubble de
la NASA/ESA y publicada en 2023.

Metamorfosis, de Piet Mondrian
(1908).

Untitled («Sin título»),
de Nicola Durvasula (2022).

*

«*Todo lo que existe tiene propiedades*
Y a su alrededor las propaga, difundiendo el bien
Como una bendición, o con una mezcla de maldad;
Un espíritu que no conoce lugares aislados,
Ni abismos ni soledades, y de un eslabón a otro
Circula, como el Alma de todos los mundos».

William Wordsworth, *La excursión*, Libro IX (1814)

❋

Pintura tántrica; pigmento
natural sobre papel antiguo
(h. 1980-2014).

✳

Grupo VI, Evolución, n.º 9,
de Hilma af Klint (1908).

232   ELEMENTOS

«*Sabemos que el universo se compone en un 95 por ciento de materia oscura y sorprende que a nadie le emocione. Creo que nuestro mundo se ha vuelto corto de miras, necio y abúlico, aunque quizás haya alguna Hilma af Klint ahí fuera pintándolo todo, y dentro de cien años sabremos lo que nos hemos perdido*».

Ernst Peter Fischer (2020)

*

*
The Chariot VII («El carro VII»),
de Sammy Lee (2024).

Estrellas fugaces en una ilustración
del *Beato de Liébana, Códice de
Saint-Sever*, Francia (h. 1038).

*

«El brillante sol se había extinguido, y los astros vagaban, diluyéndose en el espacio eterno».

Lord Byron, «Oscuridad» (1816)

ELEMENTOS

*

LA FOTOGRAFÍA ESPIRITISTA fue muy popular desde mediados a finales
del siglo XIX, coincidiendo con el auge del movimiento espiritualista
y la difusión de las placas fotográficas de vidrio. La primera imagen
de este tipo se atribuye al estadounidense William Mumler (1832-1884):
en 1862, publicó una fotografía en la que aparecía él mismo junto al
espectro de una prima fallecida. De inmediato, en su desconsuelo,
numerosos familiares de soldados muertos en la guerra de Secesión
contactaron con Mumler para pedirle retratos similares. En 1872,
Mumler presentó una fotografía de Mary Todd Lincoln, viuda de
Abraham Lincoln, sentada con el fantasma del presidente en pie a su
espalda. Finalmente todo se reveló como un fraude: estas fotografías
se creaban mediante la doble exposición de las placas.

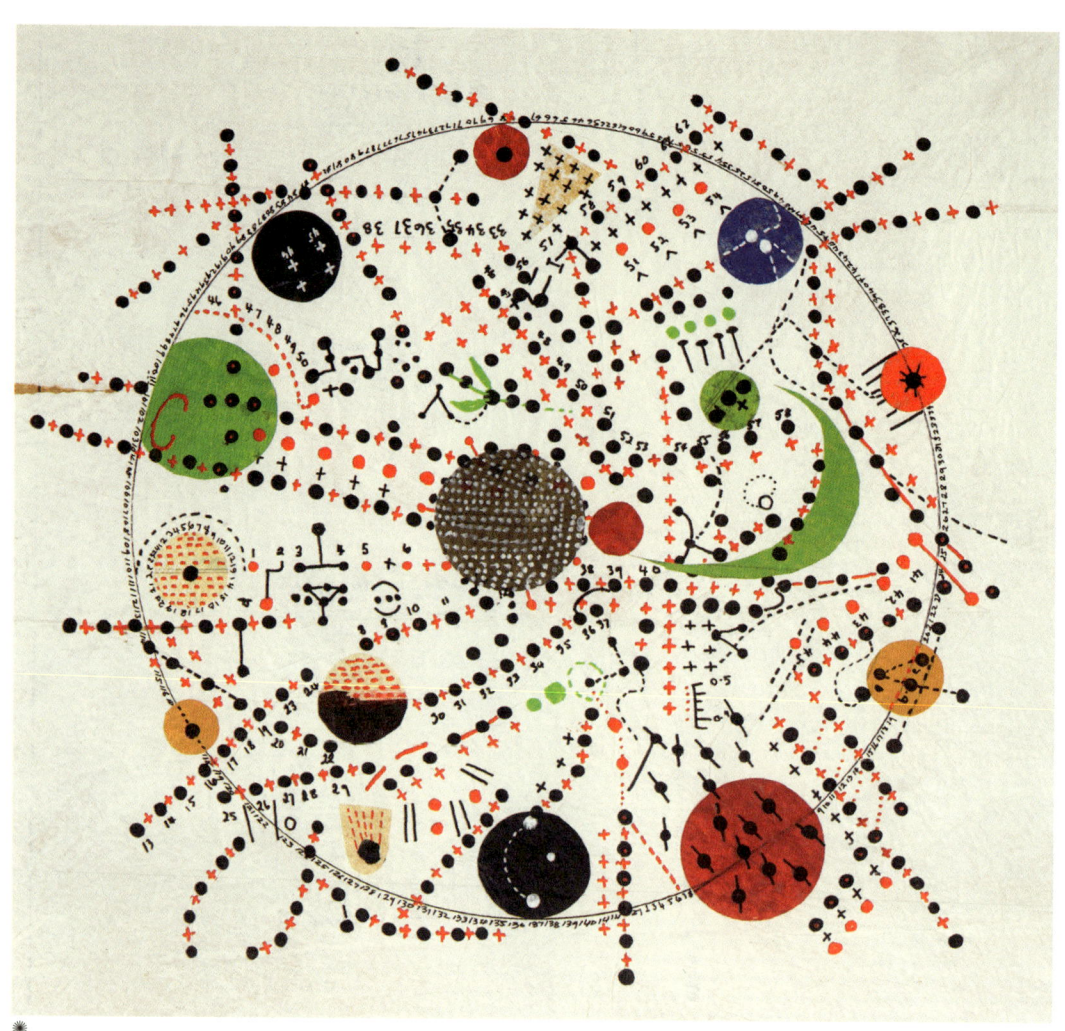

✳
Untitled («Sin título»), de
Shane Drinkwater (2023).

✳
Tapiz con motivo de nudo infinito;
satén de seda bordado en seda,
procedente de China (1850-1900).

«¿Y qué hemos de hacer ahora, querido lector, con
nuestro telescopio? ¿Convertirlo en la vara mágica
de Mercurio para cruzar con ella el líquido éter
y, como Luciano, guiar a una colonia hasta
la deshabitada estrella de la tarde, seducidos
por la dulzura de aquel lugar?».

Johannes Kepler, *Dióptrica* (1611)

*

«Pues la trama y urdimbre de las flores
nacen de espíritus en perpetuo movimiento.
Pues las flores son buenas para vivos y muertos.
Pues existe un lenguaje de las flores».

Christopher Smart, «Jubilate Agno» («Alégrate, Cordero»),
Fragmento B, parte III (escrito en 1758-1763).

✻
Eucalyptus, del doctor Dain L. Tasker;
impresión en gelatina de plata (1932).

✱
Femme papillon («Mujer mariposa»),
de Solange Knopf (2014).

*

«El éter es el único inquilino del universo,
con la salvedad de la infinitésima fracción
de espacio que ocupa la materia».

E. T. Whittaker, *A History of the Theories of Aether and Electricity*
(«Historia de las teorías del éter y la electricidad»), 1910

Jifu pao (traje ceremonial), procedente de China (1750-1800).

Obra n.º 014, de Emma Kunz (sin fechar).

✴

✴
The Flower of Catherine Emily Stringer
(«La flor de Catherine Emily Stringer»),
de Georgiana Houghton (7 de abril de 1866).

✻
Chakrasamvara y su consorte,
Vajravarahi; pintura (1450-1500).

> *«Los espíritus han guiado mi mano en todo momento,*
> *y mi propia mente no se formó idea alguna*
> *acerca de lo que iba a ser pintado».*
>
> Georgiana Houghton, en el texto de presentación de su muestra
> «Spirit Drawings in Watercolours» («Dibujos espiritistas en acuarela»),
> en la New British Gallery de Londres (1871)

✳

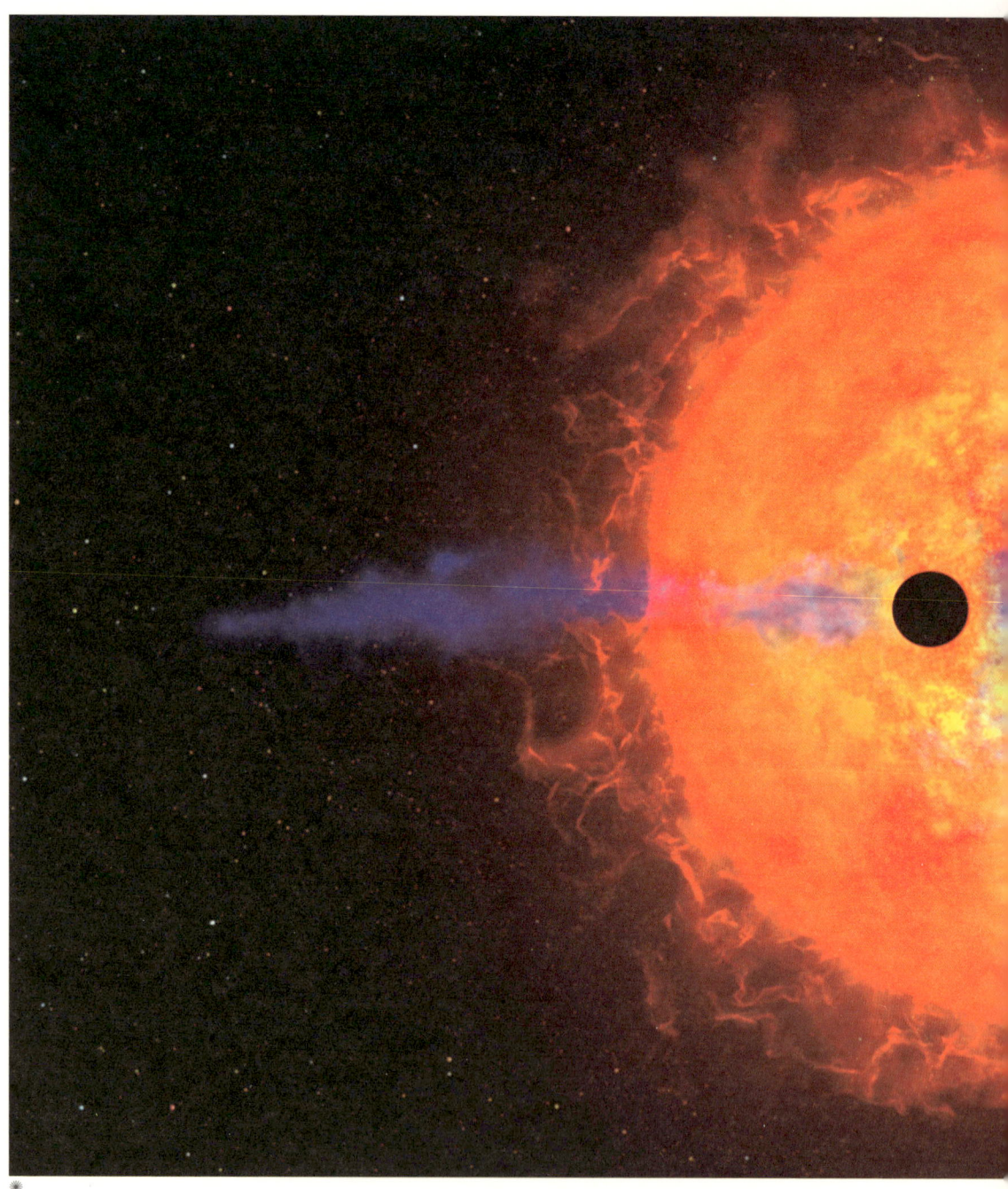

Recreación artística de un planeta (la silueta oscura) a su paso frente
a la enana roja AU Microscopii, a partir de las observaciones del
telescopio Hubble de la NASA/ESA; por Joseph Olmsted,
del Instituto de Ciencias del Telescopio Espacial (STScI, 2023).

Bibliografía

Adamson, Peter, *A History of Philosophy Without Any Gaps*, 6 vols., Oxford, Oxford University Press, 2016-2022.

Agripa, Enrique Cornelio, *Three Books of Occult Philosophy*, trad. Eric Purdue, Rochester, Inner Traditions, 2021.

Aldersey-Williams, Hugh, *La tabla periódica: la curiosa historia de los elementos*, Barcelona, Ariel, 2013.

Alighieri, Dante, *La divina comedia*, Barcelona, Espasa libros, 2003.

Al-Khalili, Jim, *Pathfinders: The Golden Age of Arabic Science*, Londres, Penguin Books, 2010.

Annas, Julia, *Ancient Philosophy: A Very Short Introduction*, ed. rev., Oxford, Oxford University Press, 2023.

Anónimo, *Gilgamesh*, Madrid, Alianza Editorial, 2008.

Anónimo, *Los Upanishads*, Barcelona, Edicomunicación, S.A, 1988.

Anónimo, *The Mahābhārata*, ed. y trad. J. D. Smith, Londres, Penguin Books, 2009.

Anónimo, *The Rig Veda*, ed. Wendy Doniger, Londres, Penguin Books, 2005.

Apolodoro, *Biblioteca mitológica*, Madrid, Alianza Editorial, 2016.

Aquino, Tomás de, *Selected Writings*, Londres, Penguin Books, 1998.

Archivo para la Investigación del Simbolismo Arquetípico, *The Book of Symbols: Reflections on Archetypal Images*, Colonia, Taschen, 2022.

Aristóteles, *Metafísica*, Madrid, Gredos, 2000.

Ball, Philip, *The Elements: A Very Short Introduction*, Oxford, Oxford University Press, 2004.

Ball, Philip, *The Elements: A Visual History of Their Discovery*, Londres, Thames & Hudson, 2021.

Barnes, Jonathan, *Aristóteles*, Madrid, Ediciones Cátedra, 1992.

Barrow, John D., *El libro de la nada*, Barcelona, Crítica, 2002.

Battistini, Matilde, *Astrología, magia y alquimia*, Barcelona, Sociedad Editorial Electra España, 2000.

Battistini, Matilde, *Símbolos y alegorías*, Barcelona, Sociedad Editorial Electa España, 2005.

Berlekamp, Persis, *Wonder, Image, and Cosmos in Medieval Islam*, New Haven, Yale University Press, 2011.

Blake, William, *Poesías completas*, Barcelona, RBA, 2002.

Bohm, David, *La totalidad y el orden implicado*, Barcelona, Kairós, 2014.

Boyle, Robert, *El químico escéptico*, Barcelona, Crítica, 2001.

Brier, Bob, *Ancient Egyptian Magic*, Nueva York, Quill, 1980.

Browne, sir Thomas, *The Major Works*, ed. C. A. Patrides, Londres, Penguin Books, 1977.

Bunnin, Nicholas y Jiyuan Yu, *The Blackwell Dictionary of Western Philosophy*, Oxford, Blackwell Publishing Ltd., 2008.

Bynum, William, *The History of Medicine: A Very Short Introduction*, Oxford, Oxford University Press, 2008.

Bynum, William, Janet Browne y Roy Porter, *Dictionary of The History of Science*, Princeton, Princeton University Press, 1981.

Calasso, Roberto, *Las bodas de Cadmo y Harmonía*, Barcelona, Anagrama, 2012.

Campbell, Joseph, *Las máscaras de Dios*, Girona, Atalanta, 2017.

Carson, Rachel, *El mar que nos rodea*, Destino, 2007.

Carson, Rachel, *Primavera silenciosa*, Barcelona, Crítica, 2005.

Cicerón, *Sobre la naturaleza de los dioses*, Barcelona, RBA, 2003.

Clulee, Nicholas H., *John Dee's Natural Philosophy: Between Science and Religion*, Abingdon, Routledge, 1988.

Cooper, J. C., *An Illustrated Encyclopaedia of Traditional Symbols*, Londres, Thames & Hudson, 1979.

Copleston, F., *Aquinas: An Introduction to the Life and Work of the Great Medieval Thinker*, Londres, Penguin Books, 1991.

Cornford, Francis M., *Plato's Cosmology: The Timaeus of Plato Translated with a Running Commentary*, Mansfield, Martino Publishing, 2014.

Dalai Lama (introd.), *Science and Philosophy in the Indian Buddhist Classics*, ed. Jinpa Thupten, Richard Dechen, David Lopez *et al.*, 4 vols, Somerville, Wisdom Publications, 2017-2023.

Dickinson, Emily, *Obra poética completa*, Madrid, Ediciones Amargord, 2012.

Dijksterhuis, Eduard Jan, *The Mechanization of the World Picture*, Princeton, Princeton University Press, 1969.

Dijksterhuis, Eduard Jan y Robert James Forbes, *A History of Science and Technology*, 2 vols., Londres, Penguin Books, 1963.

Donne, John, *The Major Works*, ed. John Carey, Oxford, Oxford University Press, 2008.

Edward, Paul (ed.), *The Encyclopedia of Philosophy*, 8 vols., Nueva York, Macmillan y The Free Press, 1967.

Eliot, T. S., *Cuatro cuartetos*, Barcelona, Lumen, 2016.

Eliot, T. S., *La tierra baldía*, Barcelona, Círculo de lectores, 2002.

Emilsson, Eyjólfur K., *Plotinus*, Abingdon, Routledge, 2017.

Feynman, Richard P., *El carácter de la física*, Barcelona, Orbis, 1987.

Feynman, Richard P., Matthew Sands y Robert B. Leighton, *Seis piezas fáciles: la física explicada por un genio*, Barcelona, Crítica, 2017.

Fortey, Richard, *The Earth: An Intimate History*, Londres, HarperCollins, 2004.

Franz, Marie-Louise von, *Alchemy: An Introduction to the Symbolism and the Psychology*, Toronto, Inner City Books, 1984.

Frazer, sir James George, *La rama dorada: magia y religión*, Madrid, Fondo de Cultura Económica de España, 1981.

Frazer, sir James George, *Mitos sobre el origen del fuego*, Vitoria-Gasteiz, Sans Soleil Ediciones, 2022.

Galeno (Claudio Galeno), *Sobre las facultades naturales*, Madrid, Gredos, 2003.

Grant, Edward, *Physical Science in the Middle Ages*, Nueva York, Wiley, 1971.

Graves, Robert, *Los mitos griegos*, Madrid Alianza editorial, 2011.

Graves, Robert, Felix Guirand *et al.*, *The New Larousse Encyclopaedia of Mythology*, Londres, Hamlyn, 1963.

Gray, Douglas (ed.), *The Oxford Book of Late Medieval Verse and Prose*, Oxford, Oxford University Press, 1985.

Hall, James, *Hall's Dictionary of Subjects and Symbols in Art*, Londres, John Murray, 1974.

Hall, Manly P., *Las enseñanzas secretas de todos los tiempos*, Barcelona, Ediciones Martínez Roca, 2010.

Hazen, Robert M., *The Story of Earth: The First 4.5 Billion Years, from Stardust to Living Planet*, Nueva York, Viking Press, 2012.

Heráclito, *Fragmentos*, Barcelona, Ediciones Orbis, 1984.

Heródoto, *Historia*, Madrid, Gredos, 2000.

Hesíodo, *Teogonía: Trabajos y días*, Barcelona, RBA, 2008.

Hipócrates, *Tratados hipocráticos*, Madrid, Gredos, 2000.

Homero, *La odisea*, Madrid, M.E. Editores, 2000.

Hornblower, Simon, Anthony Spawforth y Esther Eidinow (eds.), *The Oxford Companion to Classical Civilization*, 2.ª ed., Oxford, Oxford University Press, 2014.

Jung, Carl G., *El libro rojo: liber novus*, Madrid, El Hilo de Ariadna, 2023.

Jung, Carl G., Marie-Louise von Franz, Joseph L. Henderson *et al.*, *Man and His Symbols*, Nueva York, Doubleday, 1969.

Kaku, Michio, *The God Equation: The Quest for a Theory of Everything*, Londres, Allen Lane, 2021.

Kaptchuk, Ted J., *The Web That Has No Weaver: Understanding Chinese Medicine*, Nueva York, Congdon & Weed, 1983.

Kirk, G. S., J. E. Raven y M. Schofield, *Los filósofos presocráticos*, Madrid, Gredos, 2008.

Lao Tzu, *Tao te king*, Barcelona, Ediciones Obelisco, 2005.

Lemprière, John, *Lemprière's Classical Dictionary*, Londres, Henry G. Bohn, 1853.

Leonardo da Vinci, *Cuaderno de notas*, Madrid, Edimat Libros, 2003.

Lévi, Éliphas, *Historia de la magia*, Barcelona, Editorial Humanistas, 2011.

Linden, Stanton J., *The Alchemy Reader: from Hermes Trismegistus to Isaac Newton*, Cambridge, Cambridge University Press, 2003.

Liu Lihong, *Classical Chinese Medicine*, ed. Heiner Fruehauf, trad. Gabriel Weiss y Henry Buchtel con Sabine Wilms, Hong Kong, The Chinese University Press, 2021.

Lloyd, G. E. R., *Aristotle: The Growth and Structure of his Thought*, Cambridge, Cambridge University Press, 1968.

Lovelock, James, *Gaia: una nueva visión de la vida sobre la tierra*, Barcelona, Orbis, 1987.

Lucrecio, *De la naturaleza de las cosas*, Barcelona, Ediciones Folio, 2003.

Mahsood, Ehsan, *Science and Islam: A History*, 2.ª ed., Londres, Icon Books, 2017.

Moran, Bruce T., *Paracelsus: An Alchemical Life*, Londres, Reaktion Books, 2019.

Nath, Samir, *Encyclopaedic Dictionary of Buddhism*, New Delhi, Sarup & Sons, 1998.

Newton, Isaac, *Principios matemáticos de la filosofía natural*, Madrid, Alianza Editorial, 1987.

Ovidio, *Metamorfosis*, Madrid, Ediciones Clásicas, 2000.

Platón, *Gorgias*, Madrid, Gredos, 2010.

Platón, *Timeo*, Madrid, Abada Editores, 2010.

Plinio el Viejo, *Historia natural*, Madrid, Gredos, 1995.

Plotino, *Enéadas*, Madrid, Gredos, 2002.

Porter, Roy (ed.), *The Cambridge History of Medicine*, Cambridge, Cambridge University Press, 2006.

Roberts, J. M., *Mythology of the Secret Societies*, Londres, Paladin Books, 1974.

Roob, Alexander, *Alchemy & Mysticism*, Colonia, Taschen, 2014.

Russell, Bertrand, *Historia de la filosofía occidental*, Barcelona, Espasa, 2003.

Shields, Christopher, *Ancient Philosophy: A Contemporary Introduction*, Abingdon, Routledge, 2022.

Spenser, Edmund, *Edmund Spenser's Poetry*, eds. Anne Lake Prescott y Andrew Hadfield, 4.ª ed., Nueva York, W. W. Norton & Company, 2013.

Strathern, Paul, *El sueño de Mendelélev, de la alquimia a la química*, Siglo XXI de España Editores, 2000.

Tesla, Nikola, *Mis inventos*, Barcelona, Ediciones Obelisco, 2022.

Tester, Jim, *A History of Western Astrology*, Boydell & Brewer, Woodbridge, 1999.

Thomas, Keith, *Religion and the Decline of Magic*, Londres, Weidenfeld & Nicolson, 1971.

Tillyard, E. M. W., *The Elizabethan World Picture*, Londres, Penguin Books, 1972.

Trismosin, Solomon, *Splendor Solis: a.d. 1582. Alchemical Treatises of Solomon Trismosin, Adept And Teacher of Paracelsus (The Splendour of the Sun)*, ed. J. K., Chicago, Yogi Publications Society, 1976.

Valmiki, *El Rāmāyana*, Cantabria, Ediciones Ibérica, 1972.

Vitruvio, *Los diez libros de arquitectura*, Victoria-Gasteiz, Old Book Factory, 2003.

Waite, A. E., *The Secret Tradition in Alchemy: Its Development and Records*, Abingdon, Routledge, 2013.

Washington, Peter, *El mandril de Madame Blavatsky's: Historia de la Teosofía y del gurú occidental*, Barcvelona, Ediciones Destino, 1995.

Waterfield, Robin (ed. y trad. al inglés), *The First Philosophers: The Presocratics and Sophists*, Oxford, Oxford University Press, 2000.

Whitman, Walt, *Poesías completas*, Barcelona, RBA, 2002.

Wilson, Colin, *Lo oculto*, Madrid, Arkano Books, 2006.

Wilson, Edward O., *La diversidad de la vida*, Barcelona, Editorial Crítica, 2001.

Yates, Frances A., *El arte de la memoria*, Madrid, Siruela, 2005.

Yeats, William Butler, *Antología poética*, Barcelona, Lumen, 2005.

Yeats, William Butler, *Una visión*, Madrid, Siruela, 1991.

Zalasiewicz, Jan, *Geology: A Very Short Introduction*, Oxford, Oxford University Press, 2018.

Zalta, Edward N. (ed.), *Stanford Encyclopedia of Philosophy*, ed. otoño de 2020 (Stanford: Stanford University Press); https:// plato.stanford.edu /archives / fall2020 /[último acceso: 3 de junio de 2024].

Fuentes
de las citas

INTRODUCCIÓN

9 Enrique Cornelio Agripa, *Three Books of Occult Philosophy, Book I: Natural Magic*, Chicago, Hahn & Whitehead, 1898, pág. 55.

14 Henry Wadsworth Longfellow, *The Works of Henry Wadsworth Longfellow*, vol. VII: *Outre-Mer and Drift-Wood*, Cambridge, Riverside Press, 1886, pág. 405.

20 William Blake, *Jerusalem*, cap. 2, lám. 32 [36], ll. 31-2. En: *The Complete Poetry and Prose of William Blake*, ed. David V. Erdman, Berkeley, University of California Press, 2008, pág. 178.

30 W. B. Yeats, «Rosa Alchemica», *The Savoy*, vol. 2 (abril de 1896), págs. 56-70, pág. 56.

32 Plinio el Viejo, *The Natural History*, vol. I, trad. John Bostock y Henry T. Riley, Londres, H. G. Bohn, 1855, libro II, cap. IV, pág. 19.

CAPÍTULO 1

35 La Biblia, Libro de Job 28:5-6, versión del rey Jacobo, www.bible.com [último acceso: 23 de mayo de 2024].

42 Tito Lucrecio Caro, *On the Nature of Things*, Baltimore, John Hopkins University Press, 1995, libro V, ll. 257-260, pág. 166.

44 Thomas Stanley, *The History of Philosophy, The Eighth Part: Containing the Stoick Philosophers*, Londres, H. Moseley y T. Dring, 1656, pág. 110.

46 Rumi, *Collected Poetical Works of Rumi*, Hastings, Delphi Classics, 2015, pág. 327.

48 Emily Dickinson, *Poems by Emily Dickinson*, Sección III: «Nature». Poema 1, publicado en 1890. En: *Emily Dickinson: Collected Poems*, Philadelphia, Courage Books, 1991, pág. 46.

51 Bob Randall, «The Land Owns Us», *Global Oneness Project* [vídeo], publicado el 27 de febrero de 2009, YouTube, www.youtube.com [último acceso: 23 de mayo de 2024].

55 Walt Whitman, *Leaves of Grass*, versión de 1892; The Poetry Foundation, www.poetryfoundation. org [último acceso: 23 de mayo de 2024].

57 T. S. Eliot, *Collected Poems 1909-1962*, Londres, Faber and Faber Ltd., 2002.

58 Dylan Thomas, *Collected Poems 1934-1953*, ed. Walford Davies y Ralph Maud, Londres, J. M. Dent & Sons, 1992, pág. 13.

60 Walt Whitman, *Leaves of Grass*, versión de 1892; The Poetry Foundation, www.poetryfoundation. org [último acceso: 23 de mayo de 2024].

64 *Egyptian Religious Poetry*, trad. Margaret A. Murray, Londres, John Murray, 1949, Sección II: *The Pharaoh*, n.º 22, pág. 75.

66 «To Earth the Mother of All», *Hesiod, The Homeric Hymns and Homerica*, Londres, William Heinemann Ltd., 1914.

69 Robert Herrick, *The Poetical Works, of Robert Herrick*, ed. F. W. Moorman Londres, Oxford University Press, 1957, pág. 68.

71 Walt Whitman, *Leaves of Grass*, versión de 1892; The Poetry Foundation, www.poetryfoundation. org [último acceso: 23 de mayo de 2024].

CAPÍTULO 2

73 En: *Oxford Essential Quotations*, ed. Susan Ratcliffe, 5.ª ed. Oxford, Oxford University Press, 2017: www. oxfordreference.com [último acceso: 23 de mayo de 2024].

76 Claude Monet, *Monet by Himself: Paintings, Drawings, Pastels, Letters*, Boston, Little Brown, 1990, pág. 198.

81 William Shakespeare, *Antony and Cleopatra*, ed. Barbara Mowat, Paul Werstine, Michael Poston y Rebecca Niles, acto V, escena II, ll. 108-110; Folger Shakespeare Library, www. folger.edu [último acceso: 23 de mayo de 2024].

82 En: Theodor H. Gaster, «The Battle of the Rain and the Sea: An Ancient Semitic Nature-Myth», *Iraq*, vol. 4, n.º 1 (primavera de 1937), págs. 21-32, pág 26.

88 Albert Szent-Gyorgyi, *The Living State: With Observations on Cancer*, Nueva York, Academic Press, 1972, pág. 9.

91 Henry David Thoreau, *The Writings of Henry Thoreau*, vol. VII, Diario I. 1837-1846, ed. Bradford Torrey, Boston, Houghton, Mifflin & Co., 1906), pág. 26.

92 Hermann Hesse, *Siddhartha*, trad. Hilda Rosner, Londres, Pushkin Press, 2023.

95 T. S. Eliot, *Collected Poems 1909-1962*, Londres, Faber and Faber Ltd., 2002.

98 Herman Melville, *Moby-Dick, or The Whale*, Nueva York, Harper & Brothers, 1851, pág. 3.

101 «The Java Horror: Official Reports Received by the Dutch Government», *The San Diego Union*, 2 de septiembre de 1883, pág. 1.

105 A. M. Worthington, *The Splash of a Drop*, Londres, Society for Promoting Christian Knowledge, 1895, pág. 7.

106 Valmiki, *The Rámáyan of Válmíki (known as the Ramayana)*, Londres, Trübner & Co., 1870-1874, libro 4, canto XXVIII, pág. 1272.

109 Paracelso, *The Hermetic and Alchemical Writings of Aureolus Philippus Theophrastus Bombast, of Hohenheim, called Paracelsus the Great*, vol. 1, Londres, James Elliott and Co., 1894, pág. 232.

112 Rachel Carson, *Silent Spring*, Londres, Penguin Books, 2002.

114 En: *The Jade Mountain: A Chinese Anthology, Being Three Hundred Poems of the Tang Dynasty, 618-907*, Nueva York, Alfred A. Knopf, 1967, pág. 195.

116 Thomas Traherne; The Poetry Foundation, www.poetryfoundation. org [último acceso: 23 de mayo de 2024].

CAPÍTULO 3

119 Wilbur y Orville Wright. *The Papers of Wilbur and Orville Wright*, vol. II: 1906-1948, ed. Marvin W. McFarland, Salem, Ayer Company, Publishers, Inc., 1990, pág. 934.

122 Margaret Cavendish, *New Blazing World and Other Writings*, ed. Kate Lilley, Nueva York, Nueva York University Press, 1992, págs. 138-139.

130 Black Elk, recogido por John G. Neihardt, *Black Elk Speaks: Being the Life Story of a Holy Man of the Oglala Sioux*, Nueva York, Simon & Schuster Inc., 1972, págs. 15-16.

133 Kahlil Gibran, *The Prophet*, Nueva York, Alfred A. Knopf, 1923.

134 Percy Bysshe Shelley, *Prometheus Unbound, a Lyrical Drama in Four Acts with Other Poems*, Londres, C. & J. Ollier, 1820, pág. 199.

136 Dafydd ap Gwilym, «The Wind», *Poetry*, vol. 205, n.º 2 (2014), págs. 104-105.

138 Plinio el Viejo, *The Natural History*, vol. I, libro II, cap. XXXVIII, pág. 65.

140 William Shakespeare, *King Lear*, ed. Barbara Mowat, Paul Werstine, Michael Poston, y Rebecca Niles, acto III, escena II, ll. 1-11; Folger Shakespeare Library, www.folger.edu [último acceso: 23 de mayo de 2024].

144 En: Steven D. Carter (ed. y trad. al inglés), *Waiting for the Wind: Thirty-Six Poets of Japan's Late Medieval Age*, Nueva York, Columbia University Press, 1989, pág. 135.

148 Christina Rossetti, *The Complete Poems of Christina Rossetti*, Baton Rouge, Louisiana State University Press, 1979, pág. 42.

150 «Zep set to hop from L.A.: flies over city tonight», *Los Angeles Evening Express*, vol. LIX, n.º 131, 26 de agosto de 1929, pág. 1.

157 Homero, *The Odyssey*, Londres, Penguin Books, 2003. Libro V, pág. 70.

159 Philip Freneau, *The Last Poems of Philip Freneau*, ed. Lewis Leary, Westport, Greenwood Press, 1970, pág. 8.

160 En: WikiZilla, www.wikizilla.org/wiki/Godzilla_vs._Hedorah [último acceso: 23 de mayo de 2024].

CAPÍTULO 4

163 Susanne K. Langer, *Philosophy in a New Key: A Study in the Symbolism of Reason, Rite and Art*, 3.ª ed., Cambridge, Harvard University Press, 1957.

166 John Milton, *Paradise Lost*, Dublín, W. y W. Smith, P. Wilson y T. Ewing, 1767, Libro I, ll. 61-63, pág. 3.

175 Mary Shelley, *Frankenstein, or The Modern Prometheus*, versión de 1818, ed. Marilyn Butler Oxford, Oxford University Press, 1998, pág. 191.

177 Edmund Spenser, *The Complete Works of Edmund Spenser*, ed. R. Morris, Londres, Macmillan & Co., 1893, pág. 577.

178 Hesíodo, *Theogony*, ll. 561-84. En: *Hesiod, The Homeric Hymns and Homerica*.

180 Floro, *Epitome of Roman History*, Londres: William Heinemann Ltd., 1929, libro II, cap. VII, págs. 237-239.

183 *Haiku* de Issa Kobayashi, www.haikuguy.com/issa/[último acceso: 23 de mayo de 2024].

185 Juvenal, «The Satires of Juvenal: Satire 3», *Juvenal and Persius*, Londres, William Heinemann Ltd., 1924, pág. 47.

187 Oscar Wilde, *The Picture of Dorian Gray*, Nueva York, Airmont Publishing Co., 1964, pág. 180.

189 Nikola Tesla, *Light and Other High Frequency Phenomena*, Nueva York, The National Electric Light Association, 1893, pág. 9.

191 Jayne Anne Phillips, *Lark and Termite*, Nueva York, Alfred A. Knopf, 2009, pág. 5.

192 *The Vishnu Purana*, Libro III, Cap. V; Internet Sacred Text Archive, www.sacred-texts.com /[último acceso: 23 de mayo de 2024].

195 Friedrich Nietzsche, *Thus Spoke Zarathustra*, Nueva York, Random House Inc., 1917, pág. 67.

197 Mary Coleridge, *The Collected Poems of Mary Coleridge*, ed. Theresa Whistler, Londres, Rupert Hart-Davis, 1954, pág. 152.

198 Virgilio, *Virgil's Aeneid*, trad. John Dryden, Nueva York, P. F. Collier & Son Co., 1909, libro VIII.

CAPÍTULO 5

203 Sir Arthur Eddington, *New Pathways in Science* Cambridge, Cambridge University Press, 1935, pág. 38.

207 John Muir, *John of the Mountains: The Unpublished Journals of John Muir*, ed. Linnie Marsh Wolfe Madison, The University of Wisconsin Press, 1979, pág. 321.

208 C. E. Bechhofer Roberts (ed.), *The Trial of Mrs. Duncan*, Londres, Jarrolds, 1945, pág. 29.

214 Swami Vivekananda, *The Complete Works of Swami Vivekananda*, vol. I, 10.ª ed., Calcuta: Advaita Ashrama, 1957, pág. 147.

216 Henry Wadsworth Longfellow, www.hwlongfellow.org [último acceso: 23 de mayo de 2024].

218 Edgar Allan Poe; The Poetry Foundation, www.poetryfoundation.org [último acceso: 23 de mayo de 2024].

220 Thomas Stanley, *The History of Philosophy, The Eighth Part: Containing the Stoick Philosophers*, pág. 105.

223 Sir Arthur Eddington, *New Pathways in Science*, págs. 38-39.

226 Dante Alighieri, «Paradise», *The Divine Comedy of Dante Alighieri*, trad. Charles Eliot Norton, Boston, Houghton, Mifflin & Co., 1902, canto XXXI, pág. 239.

231 William Wordsworth, *The Excursion*, libro IX. En: *The Poetical Works of William Wordsworth*, «The Excusion, The Recluse: Part I, Book I», ed. E. de Selincourt y Helen Darbishire, Oxford, Clarendon Press, 1949, págs. 286-287.

233 En: «"They called her a crazy witch": did medium Hilma af Klint invent abstract art?», *The Guardian* (6 de octubre de 2020).

235 Lord Byron; The Poetry Foundation, www.poetryfoundation.org [último acceso: 23 de mayo de 2024].

239 Johannes Kepler y Galileo Galilei, *The Sidereal Messenger of Galileo Galilei: And a Part of the Preface to Kepler's Dioptrics*, trad. Edward Stafford Carlos, Londres, Rivingtons, 1880, pág. 103.

240 Christopher Smart, «Jubilate Agno», Fragmento B, parte III. En: Roger Lonsdale (ed.), *The Oxford Book of Eighteenth-Century Verse*, «Oxford, Oxford University Press, 2009», pág. 435.

242 E. T. Whittaker, A History of the Theories of Aether and Electricity, Dublín, Dublin University Press, 1910, pág. 1.

245 Georgiana Houghton, texto de presentación de «Spirit Drawings in Watercolours» en la New British Gallery de Londres. En: «A Public Exhibition of Spirit Drawings», *The Spiritual Magazine*, vol. VI (junio de 1871), pág. 263.

AGRADECIMIENTOS

256 Plotino, *The Six Enneads*, Stephen Mackenna y B. S. Page; The Internet Classics Archive, https://classics.mit.edu/Plotinus/enneads.html [último acceso: 23 de mayo de 2024].

256 Thomas Browne, *Hydriotaphia, Urn Burial; with an account of some urns found at Brampton in Norfolk*, Londres, Chiswick Press, 1893, pág. 7.

Fuentes de las ilustraciones

Se han realizado todos los esfuerzos posibles por localizar y acreditar a los propietarios de los derechos del material gráfico incluido en este libro. El autor y la editorial se disculpan por cualquier omisión o error, que pueden corregirse en próximas ediciones.

Abreviaturas: s=superior, i=inferior, c=centro.

1 Getty Research Institute 2 Wellcome Collection, Londres 4s The John Rylands Research Institute and Library, The University of Manchester 4c Rippon Boswell & Co. GmbH 4i The Metropolitan Museum of Art, Nueva York, Rogers Fund, 1919 5s (detalle) Foto del Georgia O'Keeffe Museum, Santa Fe /Art Resource /Scala, Florencia. © Georgia O'Keeffe Museum/ DACS 2024 5cs (detalle) Christie's Images/ Bridgeman Images. © 2024 The Andy Warhol Foundation for the Visual Arts, Inc /Con licencia de DACS, Londres 5ci Bibliothèque nationale de France 5i NASA, ESA, Joseph Olmsted (STScI) 7 The Stapleton Collection /Bridgeman Images 8 Cooper Hewitt, Smithsonian Design Museum 10 The Metropolitan Museum of Art, Nueva York. Rogers Fund y Edward S. Harkness Gift, 1922 11 Colecciones digitales de la Bamberg State Library 12-13 University of Stirling Art Collection. © Estate of John Craxton. Todos los derechos reservados, DACS 2024 14 The John Rylands Research Institute and Library, The University of Manchester 15 Cortesía de la artista 16 The Metropolitan Museum of Art, Nueva York, adquisición, Fletcher Fund y fondos de varios donantes, 2003 17 Wellcome Collection, Londres 18 Rabanus Flavus 19 Science Museum Group 20 Rare Book Division, The New York Public Library. «And the Divine Voice was heard...» The New York Public Library Digital Collections (1804-1808) 21 Cortesía del artista 22 Getty Research Institute 23 Archivo de la British Library/ Bridgeman Images 24 The John Rylands Research Institute and Library, The University of Manchester 25 Bibliothèque nationale de France 26-27 Musée du Louvre, Dist. RMN-Grand Palais /Photo Martine Beck-Coppola 28 SLUB Dresden /Deutsche Fotothek 29 Christie's Images /Bridgeman Images 30 Foto del Moderna Museet, Estocolmo. Por cortesía de The Hilma af Klint Foundation 31 Bibliothèque nationale de France. Bibliothèque de l'Arsenal.

Ms-975 réserve 32 Universitätsbibliothek Tübingen, *Geometria Et Perspectiva*, 1567, El 54.4 33 David Rumsey Map Collection, David Rumsey Map Center, Stanford Libraries 34 Bibliothèque nationale de France 36 The Cleveland Museum of Art, adquisición del J. H. Wade Fund 1959.187 37 Cortesía de la artista 38 Metropolitan Museum of Art, Rogers Fund, 1930 39 Cortesía de los artistas 40 Rippon Boswell & Co. GmbH 41 © National Portrait Gallery, Londres 42 Cortesía de Alexander Gorlizki 43 Cortesía de la artista 44 Cortesía de la artista 45 © Tracey Emin. Todos los derechos reservados, DACS / Artimage 2024 46 Cortesía del artista 47 The Picture Art Collection /Alamy Stock Photo 48 Cortesía de la artista 49 Cortesía de la artista 50 Bridgeman Images 51 Cortesía de la artista 52 The Cleveland Museum of Art, donación en honor de Madeline Neves Clapp; Donación de la señora Henry White Cannon por intercambio; Donación de Louise T. Cooper; Leonard C. Hanna Jr. Fund; De la Catherine and Ralph Benkaim Collection 2013.319 53 Album /Alamy Stock Photo 54 Cortesía de la artista 55 Foto de Ollie Hammick, cortesía de Canopy Collections 56 Cortesía de la artista 57 Courtesía de Cavin-Morris Gallery. Foto de Jurate Veceraite 58 Cortesía de los artistas 59 Cortesía del artista 60 Art Resource / Scala, Florencia /© Walker Evans Archive, The Metropolitan Museum of Art 61 Christie's Images /Bridgeman Images. © The Joseph and Robert Cornell Memorial Foundation /VAGA at ARS, Nueva York y DACS, Londres 2024 62 British Mineralogy, James Sowerby, impreso por R. Taylor and Co., Londres, 1802 63 ARTGEN /Alamy Stock Photo 64 Cortesía del legado de Dan Hillier 65 Cortesía de Daredó 66 Cortesía del artista y Victoria Miro, Londres. Foto de Genevieve Hanson 67 Publicado por Magnolia Editions. Foto cortesía de Magnolia Editions. Cortesía de Pace Gallery. © Kiki Smith 68 The J. Paul Getty Museum, Los Ángeles, 84.XM.638.53 69 Rijksmuseum, Ámsterdam 70 Bauhaus-Archiv Berlin. © DACS 2024 71 Cortesía del artista 72 The Metropolitan Museum of Art, Nueva York, Rogers Fund, 1919 74 Bibliothèque nationale de France 75 The Cleveland Museum of Art, donación de Amelia Elizabeth White 1937.898

76 Artefact /Alamy Stock Photo 77 Album / Alamy Stock Photo 78 National Maritime Museum, Greenwich, Londres, Gibson's of Scilly Shipwreck Collection 79 Flug Und Wolken, Manfred Curry, Verlag F. Bruckmann, Múnich, 1932. p. 65. NOAA Photo Library 80 Cortesía de James Fuentes Gallery, © Didier William 81 Imagen cortesía del Dallas Museum of Art, donación del señor y la señora James H. Clark. Barbara Hepworth © Bowness 82 Cortesía del artista 83 The Picture Art Collection / Alamy Stock Photo 84-85 © Wolfgang Tillmans, cortesía de Maureen Paley, Londres 86 Christie's Images /Bridgeman Images. © DACS 2024 87 © Nick Brandt 88 The Nature Notes /Alamy Stock Photo 89 Kunstformen der Natur, Ernst Haeckel, 1904 90 Donación de la señora Nicholas H. Noyes, Eskenazi Museum of Art, Indiana University 71.40.2 91 Staatliche Kunsthalle Karlsruhe 92 The Art Institute of Chicago, Clarence Buckingham Collection 93 The Metropolitan Museum of Art, Nueva York, Henry L. Phillips Collection, donación de Henry L. Phillips, 1939 94 Brigham Young University, Harold B. Lee Library 95 Yale Center for British Art, Paul Mellon Fund, B1997.10. 96 The J. Paul Getty Museum, Los Ángeles, 86.XM.604 97 Library of Congress, Washington D. C. 98 The Cleveland Museum of Art, John L. Severance Fund 1962.295 99 The Art Institute of Chicago, donación de Marilynn B. Alsdorf 100 Kyodo News Stills vía Getty Images 101 steeve-x-art / Alamy Stock Photo 102 Bishop Museum 103 Cortesía de la artista 104 Imagen digital, The Museum of Modern Art, Nueva York / Scala, Florencia 105 The J. Paul Getty Museum, Los Ángeles. © Man Ray 2015 Trust /DACS, Londres 2024 106 The Metropolitan Museum of Art, H. O. Havemeyer Collection, donación de la señora. H. O. Havemeyer, 1929 107 Los Angeles County Museum of Art, donación de Paul F. Walter (M.87.278.15) 108 The Walters Art Museum, adquisición de Henry Walters 109 Penta Springs Limited /Alamy Stock Photo 110 Kimbell Art Museum /Bridgeman Images 111 CPA Media Pte Ltd. /Alamy Stock Photo 112 Cortesía de Contour Gallery, y Saïdou Dicko. © ADAGP, París y DACS, Londres 2024 113 © Saul Leiter Foundation 114 Album /Alamy Stock Photo 115 Cortesía de The Ingram Collection, foto John-Paul Bland. © The Estate of Keith Vaughan. Todos los derechos reservados, DACS 2024

Índice

Agradecimientos

«Todas las cosas rebosan de símbolos; el hombre sabio es aquel que en cualquier cosa sabe leer otra».

Plotino, *Enéadas II*, h. 253-270

Este libro está dedicado a Jackie, redentora de causas perdidas y fuente inagotable de luz en este mundo imperfecto y en sombras, así como a la memoria de Dan Hillier (1973-2024), una fuerza elemental verdadera y una de las cada vez más escasas «gemas de la antigua roca».*
* Thomas Browne, *Hydriotaphia o El enterramiento en urnas*, 1658

Quiero dar las gracias a Jane Laing, Florence Allard, Georgina Kyriacou, Tristan de Lancey, Sadie Butler, Jo Walton y a todas las personas de Thames & Hudson implicadas en la realización de este libro. Os estoy inmensamente agradecido por vuestras valiosas aportaciones, vuestra perspicacia y la guía y apoyo incansables que me habéis prestado.

Asimismo, quiero expresar mi más profundo agradecimiento a todos los artistas, galerías, museos, instituciones, coleccionistas y legatarios que tan generosamente nos han autorizado a reproducir su obra. Sin ellos, este libro no existiría.

EL AUTOR

El reputado alquimista de imágenes Stephen Ellcock, conservador, escritor, investigador y coleccionista de imágenes *online* con sede en Londres, ha dedicado la última década a crear un museo virtual de arte, en constante expansión, de dominio público y accesible en las redes sociales. Este proyecto, el gabinete de curiosidades definitivo en internet, ha atraído a más de 635 000 seguidores de todo el mundo.

También es el autor de *Underworlds*, *La danza cósmica*, editado por Blume en 2022, *All Good Things*, *The Book of Change*, *England On Fire*, con texto de Mat Osman, y *Jeux de Mains*, este último en colaboración con Cécile Poimboeuf-Koizumi.

264 ilustraciones

PORTADA Detalle de una ilustración de *Hermetis Alchymia naturalis occultissima vera* («La verdadera, natural y ocultísima alquimia»), de Theobaldo Corsini, perteneciente al manuscrito *Sammlung Alchymistischer Schriften* (German MS 3, «Colección de escritos sobre alquimia»), del siglo XVIII, depositado en The John Rylands Research Institute and Library de la Universidad de Mánchester.

CONTRAPORTADA Detalle de una iluminación de la *Physica* (*Física*) de Aristóteles, en el manuscrito MS 3469, del siglo XV (Bibliothèque Mazarine / © Archives Charmet / Bridgeman Images).

LOMO Y GUARDAS *Opticks #55007*, de Albarrán Cabrera (2019). Cortesía de Albarrán Cabrera.

PÁGINA 1 Detalle de una ilustración de *Utriusque cosmi historia* («Historia de los dos mundos»), de Robert Fludd (1617-1621).

PÁGINA 2 Ilustración de *Gemma sapientiae et prudentiae* («Gemas de la sabiduría y la prudencia»), h. 1735.

Título original *Elements. Chaos, Order and the Five Elemental Forces*

Diseño Daniel Streat, Visual Fields
Traducción Cecilia Furió Villaseca
Coordinación de la edición en lengua española
Cristina Rodríguez Fischer

Primera edición en lengua española 2025

© 2025 Naturart, S.A. Editado por BLUME
Carrer de les Alberes, 52, 2.º Vallvidrera, 08017 Barcelona
Tel. 93 205 40 00 E-mail: info@blume.net
© 2024 Thames & Hudson Ltd., Londres
© 2024 del texto Stephen Ellcock
© 2024 de las imágenes: *véanse* págs. 252-253.

ISBN: 978-84-10469-38-9
Depósito legal: B. 2906-2025
Impreso en China

WWW.BLUME.NET

MIXTO
Papel | Apoyando la silvicultura responsable
FSC® C008047